不 用 重 装 ， 空 间 换 个 颜 色 ， 美 感 立 即 升 级

玩色
风格墙设计

THE CREATIVE WALLS OF COLOUR

得利色彩研究室 著

海峡出版发行集团 THE STRAITS PUBLISHING & DISTRIBUTING GROUP | 福建科学技术出版社 FUJIAN SCIENCE & TECHNOLOGY PUBLISHING HOUSE

著作权合同登记号：图字 13-2020-028 号

图书在版编目（CIP）数据

玩色风格墙设计 / 得利色彩研究室著．—福州：福建科学技术出版社，2021.1

ISBN 978-7-5335-6237-3

Ⅰ．①玩… Ⅱ．①得… Ⅲ．①装饰墙－室内装饰设计 Ⅳ．① TU238.2

中国版本图书馆 CIP 数据核字（2020）第 177372 号

书　　名　玩色风格墙设计
著　　者　得利色彩研究室
出版发行　福建科学技术出版社
社　　址　福州市东水路 76 号（邮编 350001）
网　　址　www.fjstp.com
经　　销　福建新华发行（集团）有限责任公司
印　　刷　福州德安彩色印刷有限公司
开　　本　787 毫米 ×1092 毫米　1/16
印　　张　7.5
图　　文　120 码
版　　次　2021 年 1 月第 1 版
印　　次　2021 年 1 月第 1 次印刷
书　　号　ISBN 978-7-5335-6237-3
定　　价　59.00 元

CONTENTS

目录

※ 受限于四色印刷技术，本书提供之实际照片及色块，与实际漆色略有差别，选色请以多乐士色卡为准。

第 1 章

色彩的力量，氛围的元素

1-1　换个墙色，让空间风格焕然一新

运用色彩做装饰，便能够让空间充满不一样的表情与氛围。只要配色技巧运用得宜，不但有助于营造氛围，带出个性，也让空间风格更对味。

图片提供方：北鸥室内设计

北欧风——自然混搭，融入大地色与缤纷色

北欧国家冬季长、日照短，居住环境特殊。因此，北欧居民特别珍惜阳光与大自然，颜色搭配时喜欢在自然中找灵感，呈现接近自然原生态的美感，从而形成独特的北欧风格。

经常出现象征树、土地的褐色，象征草地的草绿色等，把明亮、自然的色彩引进室内；而源自于植物花卉的颜色，黄色、桃红色等明度与饱和度均高，北欧人也相当喜欢借助局部点缀方式使用这些颜色，让视觉效果更强烈，为空间增加缤纷感。

乡村风——大地色清新疗愈，多元的乡村味道

乡村风因地域环境的不同又细分出不同类型，但多以白色为基调，并搭配大地色系、原木色系，呼应环境特色，并展现自然味道。英、美地区的情调典雅，用色浓郁、饱和度高，常用橘、黄、蓝、绿色等，展现当地活泼、愉悦、富人文风情的一面。在热情洋溢的西班牙，人们喜欢缤纷的色彩；在历史悠久的意大利，人们则喜欢在空间中运用金黄色调；而地中海一带的建筑以蓝、白为主色，所营造出来的地中海乡村风，也就少不了这两种重要的颜色。

图片提供方：威枫设计工作室

Loft 风——低饱和度色系塑造中性工业味道

Loft 风格建筑，多半从仓库、工厂改建而来，且会将梁柱、管线结构暴露在外。为突显粗野狂放、不修饰的效果，多半搭配使用饱和度不高的颜色，有时为了加强空间的冷感，会特别使用黑色、蓝色、灰色等颜色，这些带一点冷冽味道的色彩，与建筑相搭配不突兀，还能表达出一种率性的气质。

空间里也常以红砖、木条来装饰，这些色调本身就属于大地色系，在其中加入一些暖色系、浊色系，相互搭配，增加风格的暖度，同时也能让整体风格色调获得平衡。

图片提供方：HATCH 合砌设计有限公司

图片提供方：璞沃空间 PURO SPACE

现代风——梁柱线条精致，空间用色精简

来自经济层面的平价需求对现代住宅的直接影响，设计中舍弃繁复的工艺，采用简单利落的线条及保留建材原貌不多雕饰；日趋细致简单的梁柱线条，可随意安排墙面的色彩，意味着从传统建筑的束缚中解放出来的新生活。

最常使用白色、灰色、黑色及棕色等中性色彩，特别强调明亮的空间感，具有让空间放大的视觉效果。若喜欢沉稳的空间感，黑色、灰色可以营造成熟的效果。其他饱和度较高的颜色，如黄色、橘色，可依照喜好加入，表达居住者的独特个性。

1-2 解析色彩的秘密

改变墙面色彩，是最容易且快速营造空间风格、氛围的装修方式之一，借助色彩就能轻松转化空间氛围、改变心情。掌握以下色彩必懂知识，了解颜色，让配色快速上手。

色彩三元素——色相、明度、饱和度

1. 色相：色彩的通用名称，指的是颜色的主要表征，表征取决于不同波长的光源照射以及有色物体表面的反射，并由人眼接收时所感觉到的不同颜色，例如：红色是一种色相，蓝色也是一种色相。

2. 明度：色彩的亮度，也就是色彩对光线的反射程度，颜色中所含黑白成分的多寡，这决定了颜色的明或暗。例如：黄色是所有色彩中明度最高的颜色。

3. 饱和度：色彩的纯度，色彩的纯度比例高则饱和度高，反之则为饱和度低，饱和度越高，颜色越纯、越艳；饱和度越低，颜色越涩、越灰。例如：红色是所有颜色中，饱和度最高的颜色。

图片提供方：摩登雅舍室内设计

认识配色法宝——色相环

色相环是将光谱上人的可视光所形成的颜色头尾相连制成的，也就是彩虹的颜色。

1. 同色系：同一色相的颜色加白或加黑，即能创造深浅不同的同色系色彩，同色系色彩间十分容易搭配。

2. 邻近色：色相环中选定一个颜色后，左右两旁的颜色即为它的邻近色，例如：黄色的邻近色为绿色与橘色。邻近色的色调倾向协调，同时又能轻松创造变化。

3. 对比色：色相环中选定一个颜色后，其面对面的颜色即为对比色，例如：绿色的对比色为红色、黄色的对比色为紫色。由于对比色放在一起对比强，能营造强烈的视觉效果。

4. 暖色与冷色：以两个中性色为界，红、橙、黄等为暖色；绿、蓝绿、蓝等为冷色。

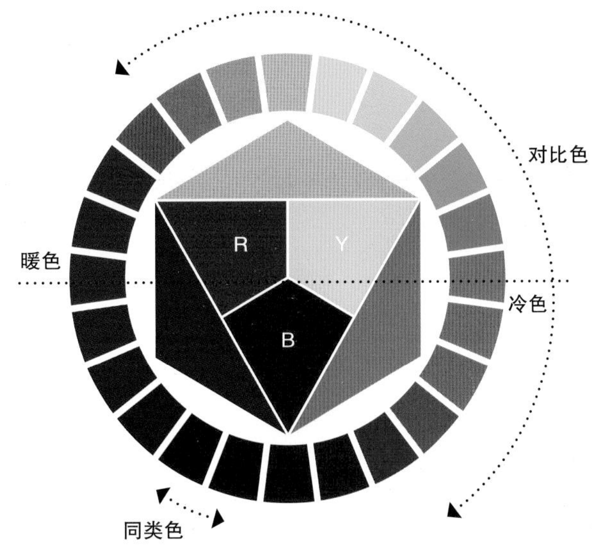

图表绘制：黄雅方

运用"色彩"引导空间设定——PCCS 色彩氛围表

日本 PCCS 色彩体系（Practical Color Coordinate System），主要将四原色——红、黄、绿、蓝通过人的视觉差异加入间隔色彩，使每一色相都能再扩充成色调环，每一环可以是 8 色、12 色、24 色或 48 色。氛围表对于设计师和使用色彩者来说，能帮助建立更清楚的用色搭配逻辑。

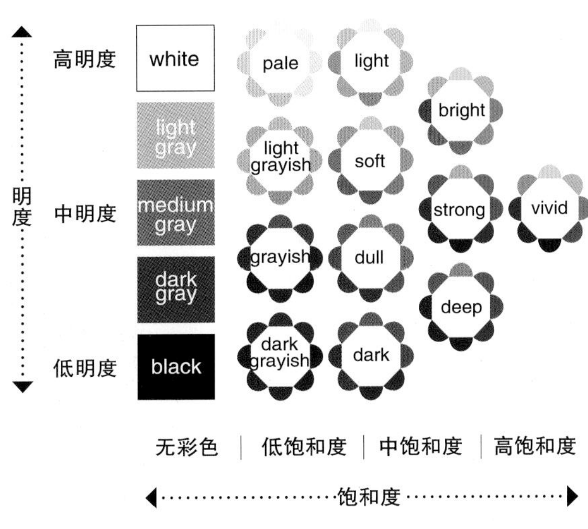

图表绘制：黄雅方

1–3 颜色与心理感受的关系

当我们用色相、明度、饱和度精确看待色彩，会发现一些微小的明暗层次或彩度的变化，就足以改变色彩的面貌。而每看一个色彩，就会自然涌出相应的心理感受，使每个色彩都有其独特的个性。

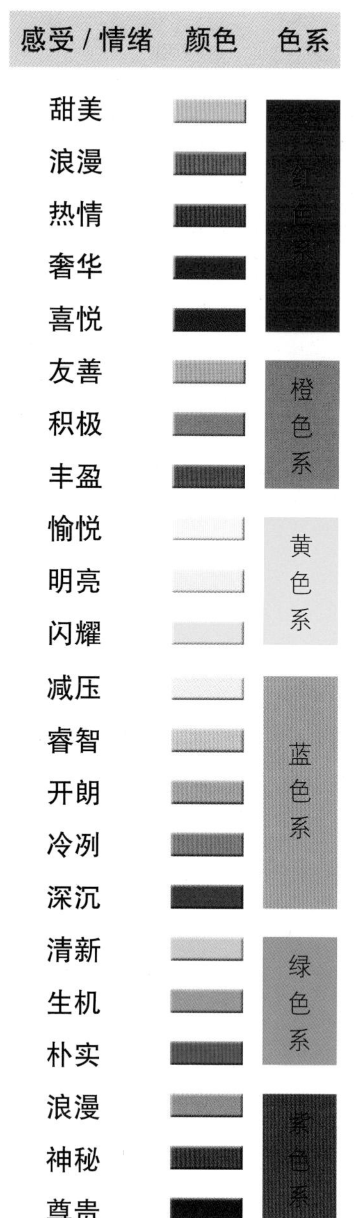

感受 / 情绪	颜色	色系
甜美		红色系
浪漫		
热情		
奢华		
喜悦		
友善		橙色系
积极		
丰盈		
愉悦		黄色系
明亮		
闪耀		
减压		蓝色系
睿智		
开朗		
冷冽		
深沉		
清新		绿色系
生机		
朴实		
浪漫		紫色系
神秘		
尊贵		

色彩与心理感受的对照参考

在此提供常见的色彩与心理感受的对照参考。需要了解的是，色彩的认知是有个人差异的，只要可以忠实呈现你的感受，色彩并无所谓标准答案及对错，可以自行延伸或写下自己的色彩心理倾向，来帮你找到所需的空间情绪及氛围。

色彩与空间大小

若要改变空间大小给人的视觉感受，运用颜色来调整可以说是最为简单便利且经济的方式。若要让空间看上去更高挑，由天花板、墙面到地面，可选择三种明度的色彩，并依明度最高、次高与明度最低的方式呈现，因为色彩在空间上呈现的效果是经由人的视觉观感比较而来，因而高明度的天花板会让人感觉轻盈，也使空间显得更为高挑。

这也是许多居家空间以白色作为天花板主色的原因；同理，在平面的空间中也可以相同方式来创造“魔术大空间”。

图片提供方：寓子空间设计

图片提供方：和薪室内装修设计有限公司

色彩与空间印象

在空间中若能恰当运用色彩，即便是在相同的环境下，也能营造出截然不同的氛围。在室内设计中，空间色彩的运用是非常重要的一个部分，而运用的方式除了以天花板、地面、墙面三个面呈现之外，家具、窗帘及适度的各色软装搭配，都会对空间氛围产生影响。

色彩与空间明暗

虽然浅色或高明度色彩可以创造出相对明亮的环境，但因浅色会强化空间中的棱角及线条，在搭配运用上反而比深色来得更难；一般装修在与设计师或油漆师傅讨论用色时，通常会以色卡来沟通，但是同一种色彩亦会因为涂刷面积的大小而在视觉感受上有差异。

单一浅色若漆在整面墙上，看起来会比色卡上显得更浅；暗色系漆上整面墙后，看起来会比色卡上显得更暗，这点也是在使用颜色（尤其是油漆）装点居家环境时，要考虑的。

1-4 改造一面风格墙的五个技法

很多人认为装修就是得大动土木，但其实并非如此，在不需全屋改装、变动格局的情况下，色彩轻装修是相当好入门的方式，不但简单便利且经济，若运用得宜能立即让空间的视觉感受、视觉大小发生变化。善用色彩这项“利器”，改造自家的墙面，无论请师傅涂刷还是自己 DIY，都能轻松带出空间个性，甚至令空间变得有型。

图片提供方：多乐士涂料

技法一：单色法简单易上手

单色法是简单且最容易上手的用色法，决定好涂刷的墙面位置，再选择自己喜欢的颜色，就能轻松“玩色”。

颜色不论明暗深浅，以自己看得舒服顺眼最重要，刚开始尝试空间用色的时候，可以选用带有一点灰度的浅色系涂刷墙面，空间会显得有层次变化。

图片提供方：多乐士涂料

技法二：单墙法打造空间焦点

选择视线常常停留的墙面作为主墙，涂上心仪且与空间风格相匹配的色彩，让墙面色彩一跃成为空间里的主角。因为一面墙在空间中占的比例不大，重点用色可以突显家具，并让空间有了视觉焦点与分量感。

图片提供方：实适空间设计

技法三：最易搭配且不失败的同色系

同色系搭配是最容易学习的色彩搭配法，从色相环中找出自己喜爱的颜色，再适当加入白或黑，色相就有所区别，同色系色彩可以选择冷色调或暖色调，也能是亮色系或暗色系，虽然色相不同，但因出自于同色系而能有所呼应。只要搭配得当，色与色之间能有相互衬托的作用。

技法四：大地、大气色系百搭好入门

接近泥土的大地色系和近似于空气、云层的大气色系，因为是接近大自然的颜色，不冷不热，所以看起来让人感到特别舒服与踏实。居家空间的配色起步，不妨从大地色系、大气色系着手，搭配时不易出错、容易入门，让人感到放松与舒适。

图片提供方：穆丰空间设计有限公司

图片提供方：实适空间设计

技法五：家具、画作色彩延伸法，让空间配色悦目和谐

许多人是先有家具再选墙色，或有心爱的画作、饰品需要与墙面搭配，此时只要提取家具或画作里面的颜色，延伸成为墙面色彩，即可达到空间色彩和谐悦目的效果。

30
30
30
30
30
30
30
30

第 2 章

为墙面换上崭新颜色

2-1 家饰色彩灵感指南

用色彩为家提升颜值

随着人们物质生活的不断丰富，越来越多的人对于美的要求从着装延伸到了居所，探讨家居的颜值，不仅仅是一件属于设计师的事，也是时下年轻家庭的热门话题。家居颜值的高低在于很多细节的掌控，一盆植物带来的勃勃生机，一套床品带来的细腻质感，一系列契合空间气质的配色，都让家的颜值提升。

Dulux 多乐士美学中心致力于推动家居空间色彩的运用，并根据中国消费者的用色喜好，精选出 40 款适合国内居住空间的色彩，适用于各个不同需求的家庭，以色彩的力量为家添彩，设计出消费者理想的居家配色。

配色运用推荐（本书中以 Dulux 多乐士涂料色卡为例）

涂刷前

涂刷后

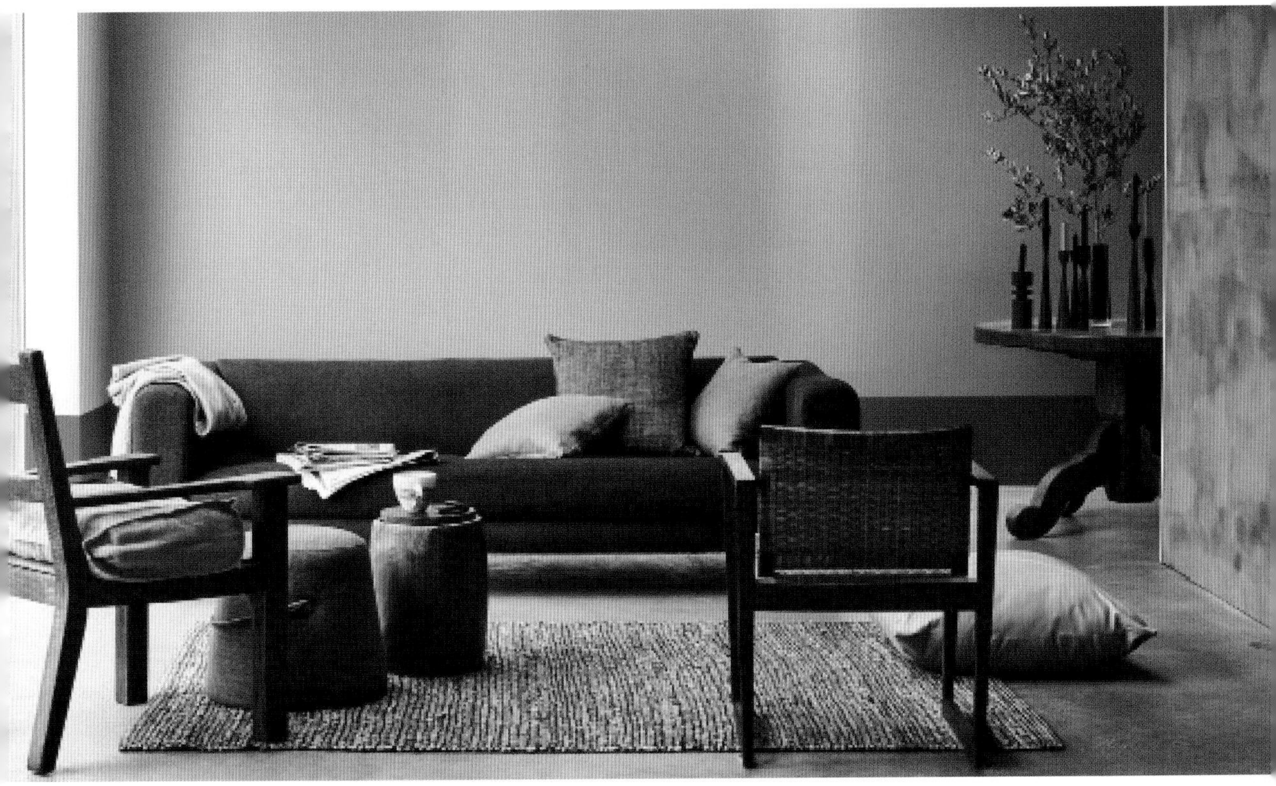

立即动手！玩转屋内墙！

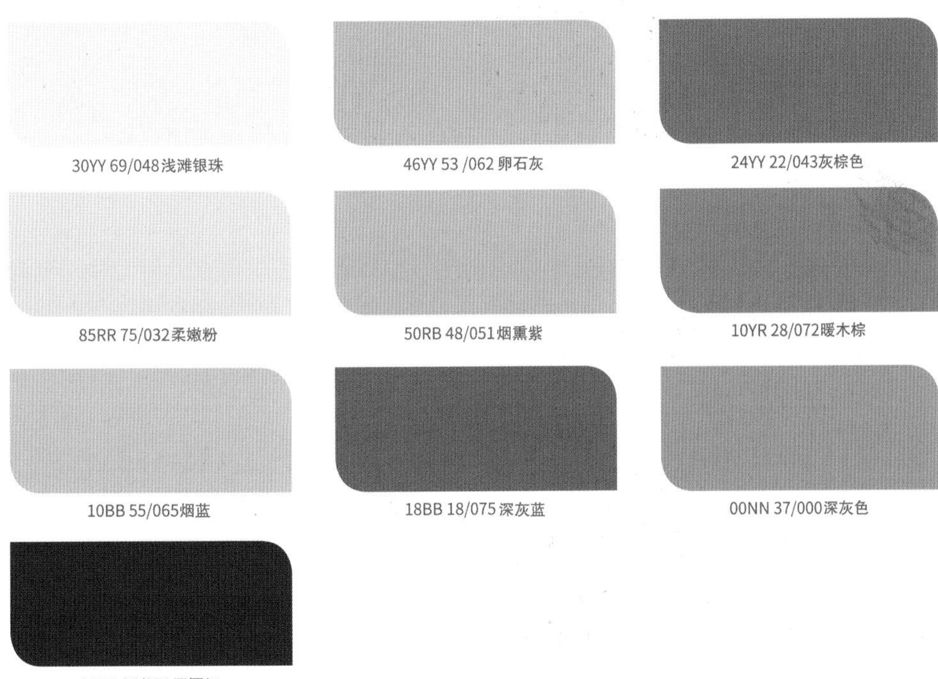

※ 涂刷面积、涂刷环境、采光条件以及所用材料的不同均可能造成实际涂刷颜色效果与本书所示颜色效果有视觉差异，色号确认请以 Dulux 多乐士涂料色卡为准。

2-2 单色墙面的运用

轻松调出家的特色

进行色彩布置时，可先决定整体的调性及风格，再着手墙面的颜色搭配，因为墙面色彩可以是空间的主角，也可以作为家具、家饰的背景，衬托家具，与家具、饰品相结合共同营造美好氛围，只要掌握简单的墙面配色原则，就能轻松上手。

Dulux 30YY 69/048

浅滩银珠色，带着海滩般的沉稳与优雅。在整墙的应用时，搭配美式风格的家具，深色木质家具与墙面通透的色彩营造出一种沉着稳重的气质， 不需要过多修饰。

Dulux 10BB 55/065

烟蓝色，淡雅而柔和。在搭配浅色家具时，可以选择一些同色系配饰，如台灯、装饰画等等，让色彩的层次更丰富。

Dulux 46YY 53 /062

带着暖意的卵石灰色。卵石灰是一款中性色，搭配原木家具和花砖打造出一个写意的美式空间。

Dulux 18BB 18/075

带着北欧气质的深灰蓝适用于背景墙。和富有创意的家居配饰配合得恰到好处，在简约的家具与绿植的搭配下展现出生活的曼妙。

Dulux 10BB 55/065

柔和的柔嫩粉很适合营造一种浪漫的氛围。搭配法式宫廷风的浅色家具，以及浅色印花的软包与靠垫，营造出梦幻的生活气息，恬静却不会显得过于甜腻。

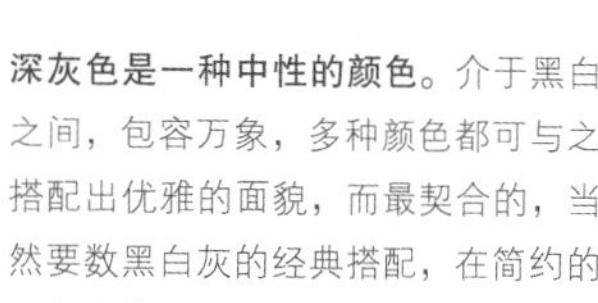

深灰色是一种中性的颜色。介于黑白之间，包容万象，多种颜色都可与之搭配出优雅的面貌，而最契合的，当然要数黑白灰的经典搭配，在简约的配色中营造出平和的氛围。

Dulux 00NN 37/000

烟熏紫的优雅运用于墙面上。将恬静延伸到空间的每一个角落，搭配白色的家具与配饰，让法式气息更浓。

Dulux 50RB 48/051

Dulux 30YY 69/048　Dulux 24YY 22/043

浅滩银珠色与棕色木家具的组合。以色彩塑造出一个大气而不失灵动的空间，在原木家具的衬托下有了一份禅意。

2–3　进阶模式的优雅拼色

色彩搭配的多元变化

运用简单的轻装修、色彩换装及布置手法，就能表现空间情境与氛围，并能表现屋主的喜好、风格与品味，从简单的色彩布置技巧进阶到拼色技法，运用色彩的缤纷魔力，让居家空间有不同的面貌。

Dulux 85RR 75/032	Dulux 50BB 08/171	Dulux 10YR 28/072

暖木棕与柔嫩粉的搭配。属于同色系的组合，而在其中以一抹深蓝色作为腰线间隔两色，再搭配石膏线，将整个空间的精致与优雅气质完美呈现出来。

柔嫩粉、暖木棕、搭配同色系的粉色。一起勾画出一个极富创意的书房空间，以递进的同色系在石膏线内勾画出菱形，在细节处展现生活的别致与写意。

浅滩银珠色与灰棕色的搭配。通过墙面的分割与线条的勾勒，塑造出摩登又极富质感的空间。

多乐士空间配色大师

只要在日常生活中拍下喜爱的色彩，就能为你的梦想空间上色，运用空间配色大师的 APP，让空间配色轻松上手。

30
30

第3章

空间配色，潮流趋势

3-1 潮流趋势

暖木棕之家

暖木棕色系，具备温和、包容性强等特质，让人们可以自由地运用与搭配。
以暖木棕为主题的“暖木棕之家”，主要以粉灰色／浅粉红色搭配暖木棕与深紫色呈现，表现出宁静包容感。

除色调的选用和搭配外，材质的对比也能起到很好的装饰效果，突显暖木棕色彩的无限可塑性，例如细致的植物纹理与大理石、黄铜色的金属拉丝餐椅形成巧妙的对比，或是让带着岁月质感的老家具与新家具和谐共处，展现暖木棕色系的多样包容性。

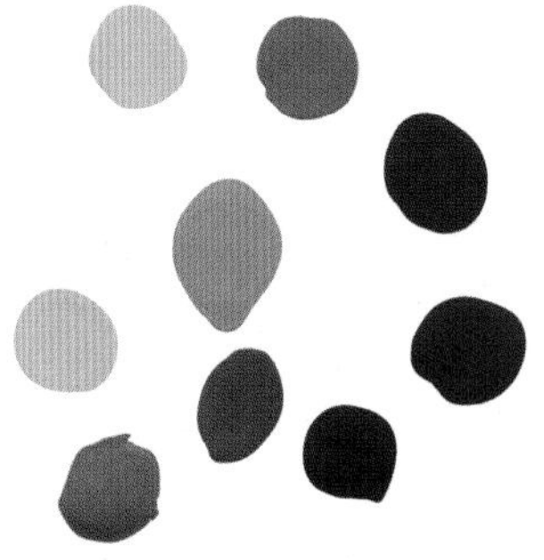

粉色系到蓝色系
PINKS TO BLUES
（Dulux 色组）

不论是更深沉或是更明亮大胆的色调，皆能与优雅的暖木棕色完美结合，勾勒一种宁静又疗愈的空间美学意境。

Dulux 10YR 28/072

温和舒适展现空间的暖能量

想让居家环境中时时充满平静、自然的氛围，不妨做点不一样的搭配。取代一般家庭最常使用的白色，运用暖色系中的藕粉色、裸粉色作为墙面的主色调，不仅与各色家具、软装百搭，在自然光线下，也为室内带来最舒缓无压的空间感受。

优雅清爽的卧房色

想进一步塑造空间沉静优雅的气质，带有淡淡灰度的藕粉色可以说是不二选择，藕粉色的温暖感与室内木材完美呼应，呈现自然无压的氛围，无论搭配深邃的靛青色、紫灰色，或是清爽的象牙白，都能为房间带来优雅美好的质感。

Dulux 10YR 28/072
Dulux 50BB 08/171

百搭粉增添空间质感

在家具、杂货小物略多的空间中，选用带有自然原木色调的暖木棕色作为室内的核心色，能带来沉稳的氛围，搭配米白、大地色系的家具或软装，能提升室内的色彩层次，各式小物不但不显乱，反而成为点缀空间的有趣亮点。

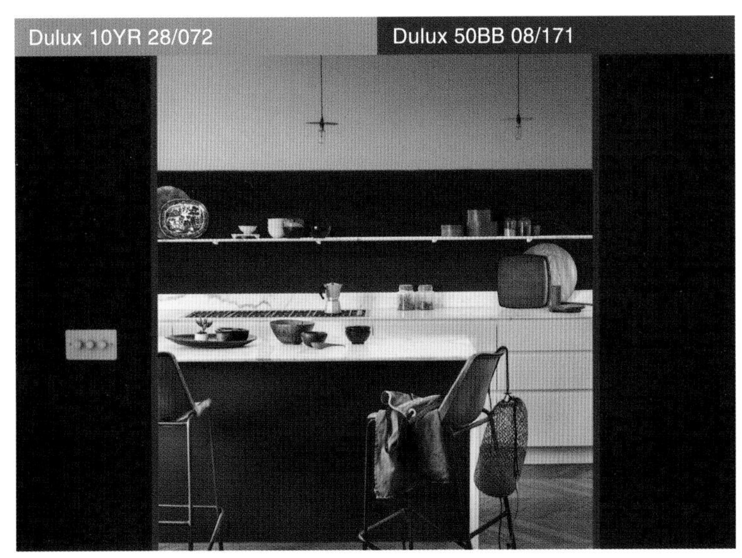

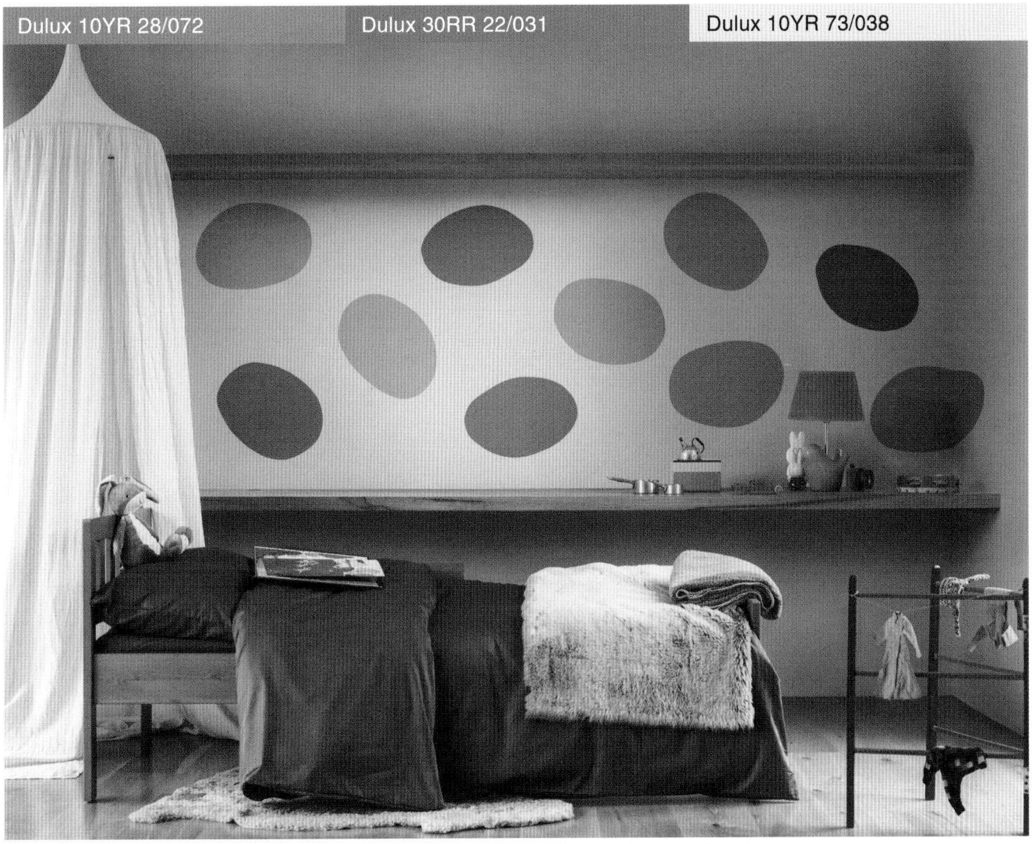
Dulux 10YR 28/072
Dulux 30RR 22/031
Dulux 10YR 73/038

用色彩创造小孩房柔和的静谧感

小孩房强调平和温暖的视觉感，建议使用温暖的中性色，让小孩子安心睡好觉。藕粉色、粉灰色或是粉棕色这类与自然中的颜色接近，同时偏暖的色调，最能带来静谧柔和的氛围，也最适合作为卧房和小孩房的核心色。

暖心仁厚型舒适惬意之家

暖心仁厚的人们力求美观度和实用度的极致、美学与功能的平衡，并展现出对细节的重视，这类人喜欢生活在一个被温暖拥抱的环境中。

因此舒适惬意之家，以陶土色结合浅粉红，让感官得到疗愈。而配饰则可以用木质色的温暖、皮革的柔软、丝绸的细腻与天鹅绒的华丽，营造一个轻松又有质感的空间。

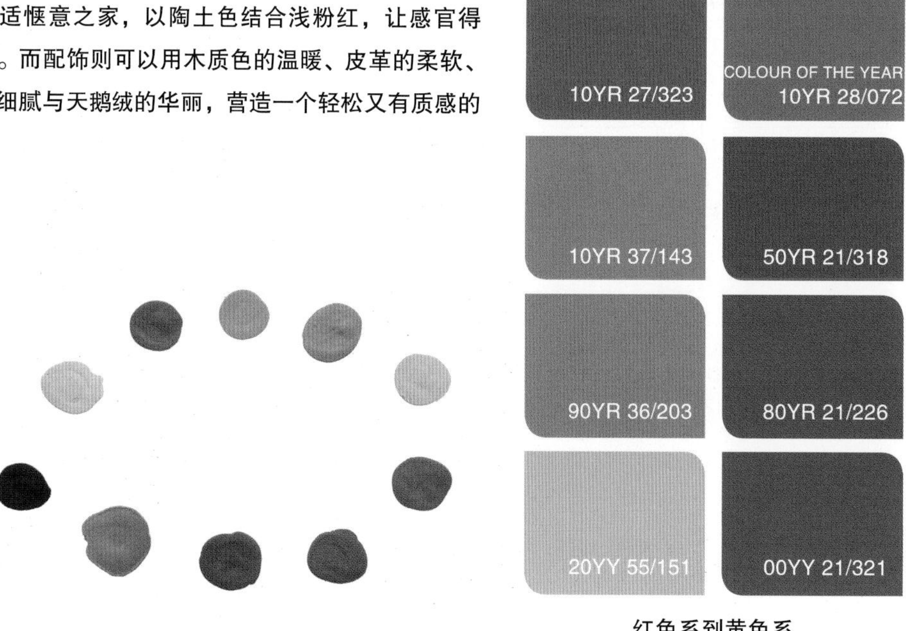

红色系到黄色系
REDS TO YELLOWS
（Dulux 色组）

从红色系过渡到黄色系，以木质色的温暖、皮革的柔软，带来自然的温润气息。

与自然光线相得益彰的室内配色

想打造净爽清透的空间，墙色的运用就显得格外重要。此案运用接近大地色的淡木棕作为基底色，搭配木质家具与布沙发，加上简单的绿色植株，看似简单的布局，却让空间中的光影色彩层次丰富，创造出优雅惬意的生活情调。

差异色阶带来丰富调性

餐厨空间往往是全家人相处时重要的核心区域，空间既想多彩缤纷，又想清爽整洁，其实只要运用微差异的色彩，在橱柜、桌面、墙面、地板做巧妙的搭配运用，穿插点缀高饱和度的色彩配件，像是餐椅、锅碗等，就能谱写出和谐多彩的居住乐章。

Dulux 10YR 28/072
Dulux 80YR 21/226

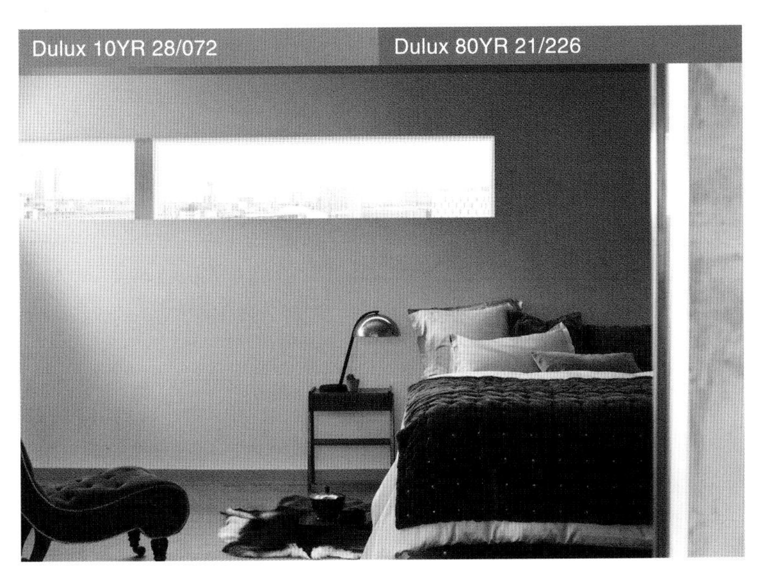

自然色墙面烘托户外窗景

卧房是人们享受自在舒适的私密生活的场所，因此空间色彩的舒适性很重要，本案运用大量的粉棕色衬托木色调的家具及软装，恰到好处地烘托出窗外一片明亮的景致，在无形中创造出与自然共生的美好生活。

墙面涂绘让空间充满无尽的想象

小孩的生活空间，在立面布局上运用大胆明亮的色调，让想象可以尽情驰骋。这里的双人房中运用少见的嫩粉红云霞色作为主墙底色，打造出童话般的梦幻场景，搭配嫩黄色和浅灰色，画龙点睛般赋予小孩天马行空的创造灵感。

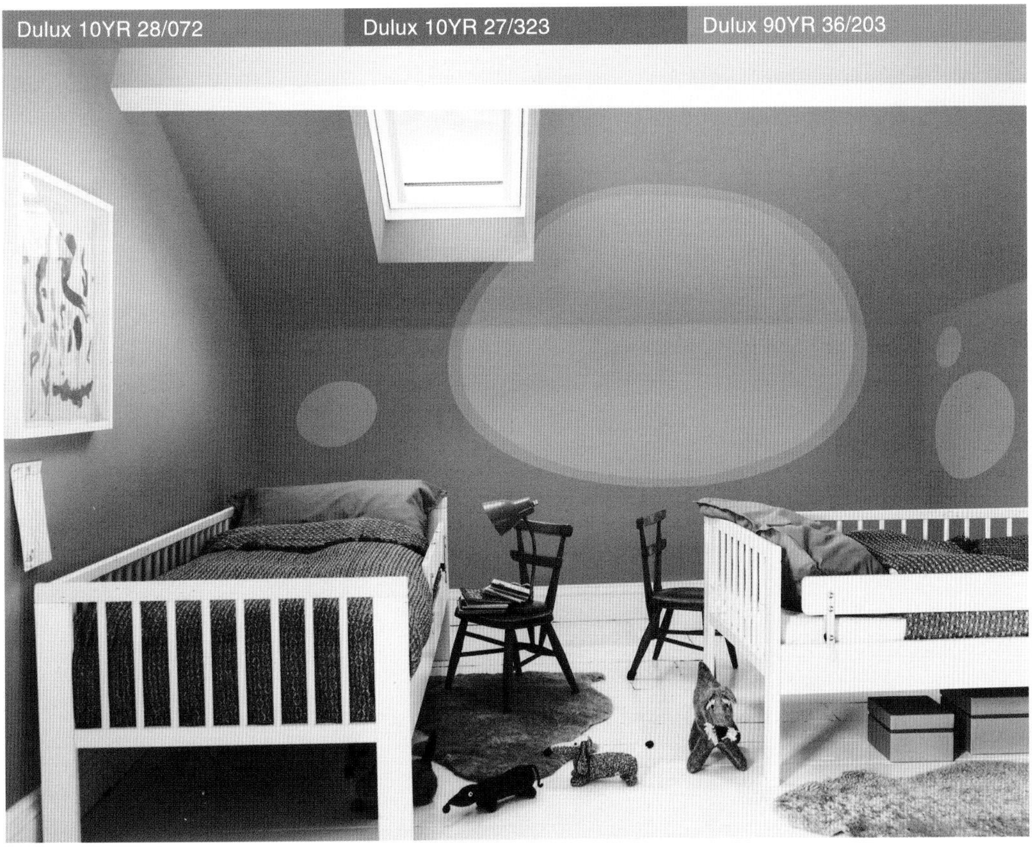
Dulux 10YR 28/072
Dulux 10YR 27/323
Dulux 90YR 36/203

知心开朗型开放宜居之家

自由奔放、开放宽敞是知心开朗型的人对于家的理想，他们喜欢以不同主题、颜色划分功能区域。

开放宜居之家的配色是开放、清新的，家的空间被设想为一个舒服自在的小窝，没有繁复的设计与强烈的装饰感，是一个搭起帐篷就能野营的小窝，因此空间打造时注重舒适与便利，在家的每个空间以大面积冷色调的蓝色、中性的青蓝色为主色，并穿插着刷上浅棕色、棕红色等，展现每个房间的微妙色调变化。

灰色系到蓝色系
GREYS TO BLUES
（Dulux 色组）

物件偏好选用柔软耐磨的织物，像将一件纯棉的毯子搭在绒毛沙发上，或以亚麻桌巾铺于大型餐桌上，令整体空间呈现优雅大方的视觉效果。

掌握饱和度、明度的空间好设计

不想要单一色彩的单调乏味，又担心多种色彩混搭易产生视觉疲劳，其实只要选择明度、饱和度相近的色彩混搭，就能创造耐看且有质感的空间。像运用自然清新的蓝色调和藕粉色搭配，中间以家具、软装做点缀，在清爽的色彩背景下，只要做一些简单的点缀就能营造出舒适优雅的氛围。

为餐厨空间带来时尚之美

厨房中常设有大量柜体与料理台面，只要运用简单的配色就能塑造时尚的空间氛围。

如以蓝色与灰白色调相融合，凉爽的配色有引人注目的特质，搭配木色或白色餐桌椅，便能调和出空间的温暖调性，让食物分外美味。

创意无限的分割拼色墙

单一色调的墙面容易令人感觉乏味。不妨用涂料进行一场小小的墙色变身游戏，让房间拥有焕然一新的面貌。如为了呼应窗景光线，室内墙面也可以有雾白与淡蓝的有趣组合，上下墙面一分为二不仅耐看耐脏，还能为房间创造清新舒适的氛围。

Dulux 10YR 28/072
Dulux 72BG 75/023

Dulux 10YR 28/072
Dulux 0YY 51/084
Dulux 30BG 56/045

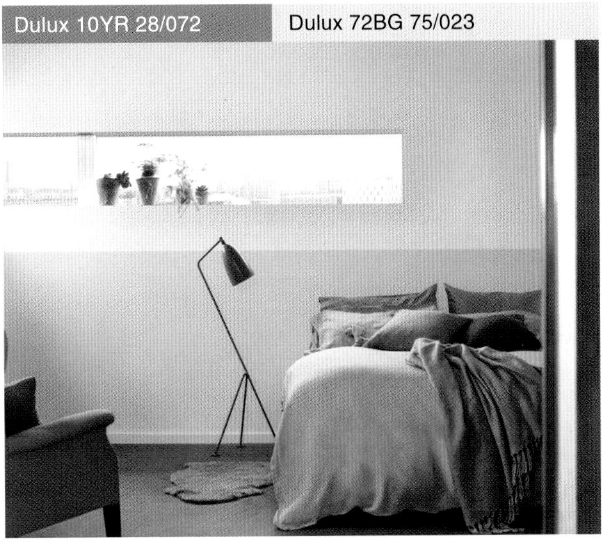

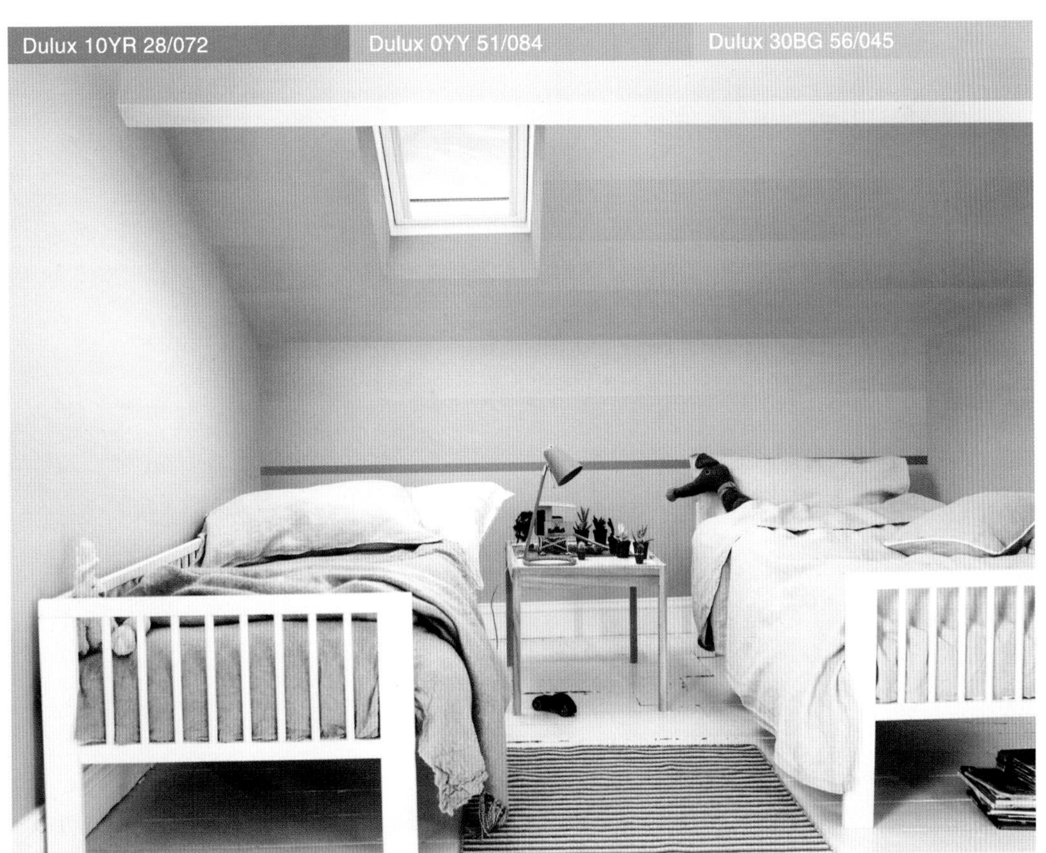

以彩色条纹延伸空间视觉

针对狭小或两人住的儿童房间，只要将空间色彩做些简单变化，就能巧妙延伸视觉，进而解除空间狭小带来的压迫感，如选择米黄、冰清蓝这类明度偏高、饱和度偏低的彩色条纹进行搭配，都有放大视觉的效果，通常水平的彩色条纹使房间感觉更宽，垂直条纹则使房间感觉更高。

随心洒脱型创意趣味之家

随心洒脱的人充满好奇、探索精神，喜欢在紧凑充实的居室中，融入多功能设计以及有活力、有朝气的元素。

因此创意趣味之家自然少不了充满活力的色彩，以黄色、金色、绿色等一个个自由、不规则的椭圆涂刷于墙面，搭配自然景物的悬挂，打造充满匠心的居家空间！无论是将越野自行车随兴挂于墙上，或是可自由变化的多用折叠式餐桌，都是以节约空间的方式确保空间在大胆创意中保持井然有序。

黄色系到绿色系
YELLOWS TO GREENS
（Dulux 色组）

从黄色系过渡到绿色系，创意趣味之家是能量补给站也是畅想梦想的重要空间。

以墙面作为画布的玩色游戏

只要掌握好色彩的明暗度，自然就能搭配出不失败的空间色调。在主墙面大胆运用明亮浅绿色，搭配淡粉，使用木质家具和金属配件混搭，就能创造时尚、充满青春活力的缤纷生活。

Dulux 10YR 28/072 Dulux 70YY 18/152 Dulux 07GG 07/143

Dulux 10YR 28/072 Dulux 90YY 35/169

自然色调搭出个性空间之美

厨房空间运用精心挑选的色彩组合，搭配出沉稳大气、同时不会过于肃穆单调的氛围。以自然的木绿与粉棕搭配，巧妙创造明亮又协调的空间。

葱绿色为居家注入满满活力

即使是格局简单的室内空间，依然能通过有趣的墙面玩色游戏，打造成独一无二的乐活氛围。这个空间中应用了饱和度偏低的藻绿、明度高的苹果绿、中性的粉棕，再以带状白色作为装饰，让墙面多了无限的想象空间，同时完美提升室内的丰富性。

Dulux 70YY 18/152
Dulux 10YR 28/072
Dulux 90YY 35/169

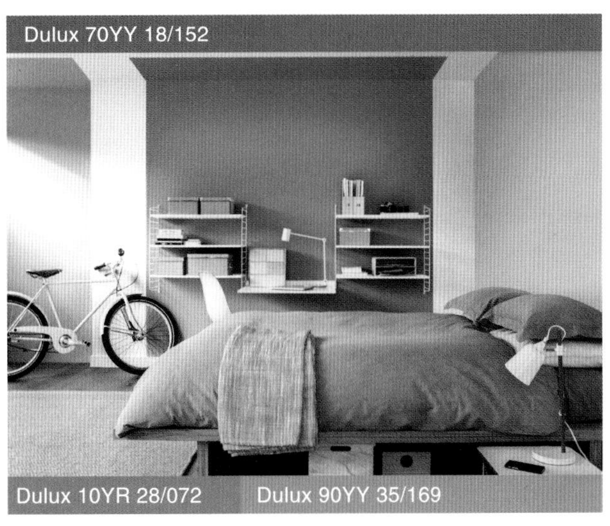

让想象自由挥洒的小孩乐园

想在小空间中为孩子提供无忧无虑的成长环境，只要善于运用涂料色就能做到！设计师先以中性淡绿色作为墙面基底色，再以多种色彩绘上自然的鹅卵石形状，不仅打造出房间的童话氛围，多层次的立面也巧妙塑造出既俏皮又现代的视觉感。

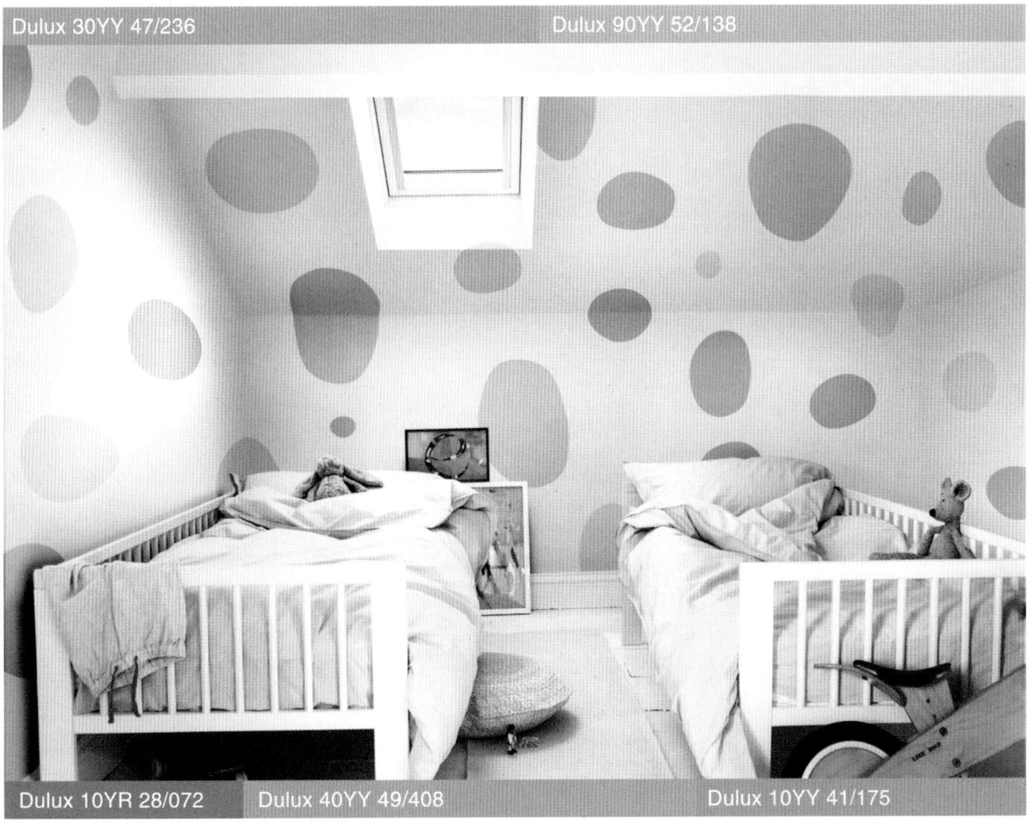
Dulux 30YY 47/236
Dulux 90YY 52/138
Dulux 10YR 28/072
Dulux 40YY 49/408
Dulux 10YY 41/175

3-2 专家观察

专访何宗宪：从陪衬点缀到整体色彩计划，颜色赋予空间强大发声能量

何宗宪

建筑及室内设计师、
PAL Design Group 设计总监

现任香港室内设计协会会长、香港设计中心董事及香港贸发局咨询委员。荣获“2017 年中国室内设计十大年度人物”、被香港传艺选为“香港十大杰出设计师”、日本杂志 Studio Voice 选为“亚洲创作 VIP”之一。取得新加坡大学建筑学士、香港大学建筑硕士。

文：杨宜倩

通过现代风格的设计让这栋历史建筑焕然一新。入口处的大厅玻璃将室内与户外融为一体，通过天花板造型将视觉焦点不断引入室内，营造出探索的乐趣。

1. 过去 10 年来，您对国内空间配色设计演进的看法？

何宗宪（以下简称何）：若从家装切入，人们对于“好住宅”“豪华住宅”的定义和向往，可说是决定性地左右了空间呈现出来的样貌，前几年，多数人认为的“奢华”是要看得见且有实际价值的，繁复的造型、昂贵的材料成为主流价值，展现在空间设计中便是明显的建材搭配与结合，石材的纹路色泽、金属的冷冽光感、玻璃镜面的折射幻景等，元素繁杂的空间，令人感到视觉超载、眼花缭乱。当时，人们普遍认为“颜色”多半只是小面积地出现在软装陈设的点缀部分，在空间中有“看不到颜色”的感觉。近几年社会对“奢华”的定义逐渐有了转变，从价值导向转为心灵层次提升方面，业主心目中对豪华的定义也变得多元，因而有了极简风格的出现，但回归本质后，一些以往被忽略的细节便彰显出来。对于颜色的看法，不再是红、绿、黄等才是“有颜色”，黑、白也是一种颜色；通过各种明度、饱和度的组合变化，调配出各式各样的色彩，红不再只有一种，粉色的、带灰的……各有不同的调性，再通过掌握光线对颜色的加持效果，就能更好地打造空间的质感，因此近年来看到更多设计师尝试以不同的用色手法来诠释“好空间”。

2. 材料色、涂料色以及软装色的色彩界定，以您的看法，分别对当代的室内设计有什么影响？

何：色彩能调节空间调性，以往人们对空间颜色的认知偏向涂料色，直白地说就是墙面的颜色，事实上空间里面的每个元素、包含处在其中的人、动物和植物都有颜色，并互相影响。以往室内设计重视材料搭配，空间里视觉所及最醒目的就是材料色，石材是偏黄还是偏灰，是否带有纹路，纹路是规律地出现还是随机自然，这些都会影响人对空间的印象；现在则更重视整体氛围的协调性，不单只是配色，连材料的质感是光滑或粗糙，在不同光线下呈现的质地都一并考虑在内，营造无违和感的空间氛围。

3. 在室内色彩重新排列组合的情况下，能如何赋予空间定义？

何：色彩本身就具有力量，直接又有普遍可理解性，强烈的色彩对比能给人留下深刻印象；柔和相近的色调赋予空间柔软平静的气氛。在空间硬装相对简单的前提下，颜色也可被视为一项重要“材料”，根据用途、计划营造的氛围，都能通过颜色的选择、搭配，定调空间的属性。相同空间，不同的配色，带给人截然不同的感受，至于如何做出色彩计划，则主要在于想要营造何种主题的空间，以及想要引导人们进入何种情绪。

举例来说，相同的房间，若是采用明亮、高饱和度的配色，会令人产生亢奋的情绪，就适合用在聚会交流用途的空间；如果采用偏深浓重的配色，会让人情绪偏向沉静平稳，可作为思考、休息的空间。

图片提供方：PAL Design Group

只有最纯粹的空间才能诱发出孩子无边界的创想力， NUBO ——“云”让小孩在无拘无束的空间里玩乐，抛开旧有的黑板和智力玩具，将“玩乐”的纯粹归还小孩。

4. 色彩在一般室内空间的运用和商业空间的使用上，什么样的特质与原则是必须严格界定的？或您有其他的看法？

何：商业空间为了要引人注目，用色手法上偏向带给人们强烈视觉印象的、形式化、视觉化、色彩鲜明、辨识度高的。在 2000 年左右，连锁店的兴起，流行街头潮流和时尚经典混搭，颜色从单纯的、小面积的配角，跃升为以颜色为主传达品牌的个性。

住宅是私人的空间，并没有什么局限性，主要看屋主想要什么。但在设计上需重视协调性，整体性，如果没有主轴、乱无章法，也无法达到想要的效果。颜色在空间中从过去点缀式的陪衬，到现在于设计时便将颜色纳入考虑，拟定完整的色彩计划，所带来的效果、力量完全不同。举例来说，浅色平天花板若植入杏仁色，在光线的照射下，就能调节这个空间的气氛，这是因为杏仁色收敛了空间中的元素和线条，因此一点变化就能带来明显的效果。

5. 依您观察，国内不同地区在空间色彩的运用上差异何在？各自的特色又是什么？

何：因为自己多元化的背景，有机会看到国内不同地区设计的差异：台湾的设计比较稳重，有较多的东方人文渗透。香港的很国际化，可能性相对较多，竞争力强的同时会看到不同的设计风格。大陆这几年发展快速，相对来说设计的商业化性格较强，不过他们吸收得快、进步也快，因此改变得也快，近年也逐渐发展出多样化的面貌，值得关注。

从家装用色来看，香港因住宅普遍偏小，喜欢也不得不在空间中装满生活功能，因此家装的用色还是偏素雅浅淡，较少看到十分鲜明的用色手法，常见的是用颜色塑造背景墙，不过也有年轻设计师勇于尝试个性化的用色概念。而大陆地区则因住宅的空间尺度相对较大，用色也比较大胆，这里的大胆并非是夸张的手法，而是勇于尝试各种不同的类型，近年常见时尚的用色手法，与具有历史氛围的老房子相结合，相对来说配色更活泼、多元。

图片提供方：PAL Design Group

美艺天学习中心的设计灵感源于画廊，打破学习中心的固有格局，使用自然又明朗的色彩，营造轻松的学习氛围，更能激发孩子的灵感，有益于孩子发挥创造力。

专访张丽宝：保留材料色优势，重视涂料色与软装色的搭配

张丽宝

《漂亮家居》杂志总编辑

世新大学新闻学士、台湾师范大学EMBA高阶经理人企业管理硕士，《漂亮家居》杂志创刊参与者之一，现任该杂志总编辑。工作从杂志延伸至图书、网站及电视领域，主要从事室内设计、建筑、装潢等内容的制作，担任多乐士色彩大赏多届评审，近年更在两岸多项室内设计竞赛中担任评审。

文：李与真

《调色盘》，此案运用斜条纹带来的视错觉创造比横纹更加宽敞的视觉效果，直条纹的运用则让空间变高，色彩的搭配放大了整体空间感。

1. 过去 10 年来，台湾地区在空间色彩设计上如何演进?

张丽宝（以下简称张）：2001 年《漂亮家居》创刊的时候，在当时的环境下，台湾地区对空间色彩的运用相当少，大部分设计师还是比较习惯用材料色（如大理石、木头砖墙、铁件等）来表现空间颜色，所以那时看不到除了材料色以外的颜色，家居中还是以白墙居多；直到《漂亮家居》创刊 5 年后，才开始有色彩设计的思维出现，但那时的色彩搭配没有什么章法，倾向于设计师以直觉选择好看且屋主也能接受的色彩，没有特别强调配色的逻辑。

即使在 2012 年多乐士涂料空间色彩设计大赏开始举办的初期，在参赛作品中还是会发现设计师在配色上，偏重于直觉式思考，对色彩搭配的逻辑依旧较缺乏，习惯用材料色表现，软装搭配和涂料色非常少；且大部分色彩多只会应用在儿童房中，或许大家普遍认为小孩要从小培养美感，所以会更需要颜色的刺激，除了儿童房之外，其他空间是没什么颜色的。

空间色彩设计大赏进行几届后，能看出设计师在空间配色上越发重视且有心发展，而一方面也通过比赛，鼓励设计师大胆用色，让空间色彩设计更多元化，也拥有更多可能性。同时，在不断的尝试与探索中颜色的运用开始有了逻辑，举例来说，倘若屋主喜欢蓝色，设计师不会整个墙面都涂蓝色，而是重点在主墙、手把、天花板等部分做颜色的组合。

2. 材料色、涂料色以及软装色的搭配对当今的室内设计有什么影响?

张：室内色彩的界定方式为《漂亮家居》所提出，以目前中国台湾的状况来看，设计师还是习惯用“材料”来表现颜色，运用涂料色和软装色表现的较少。

色彩设计不能否认是一种天赋，但也可以通过环境去学习，当你习惯多元色彩的环境，学习就相对容易，所以不要怕尝试。涂料色的优势在于，能用颜色做出墙面造型的变化，令人印象深刻的是 2016 年合砌设计的参赛作品《调色盘》，墙面上用活泼的四色设计成斜条纹样，这是过往比较少看到的巧思，相当惊艳。使用涂料色并非就是要涂满一片墙、或涂满两面墙，而是能借由设计的手法，涂绘出造型概念。

谈到软装色，中国的台湾地区在软装色的使用上相对欧美国家来说较为保守，抱枕、窗帘等常见的大都为大地色系或黑白两色；但是在 2015 年多乐士空间色彩大奖，住宅空间金奖案例中，设计师开始在设备上使用颜色，在裸露管线上做了跳色的处理，沙发的局部材料也使用多色呈现，跳出了大部分设计师使用材料色的思路，而在设备、软装等方面用色彩玩造型，这样的用色概念在当时来说相对新颖。

图片提供方：KC design studio 均汉设计

客厅主墙用木材元素作为装饰，柔和的木色提升了空间的温润感，搭配刷上湛蓝色的管线，并将其裸露于天花板上，让空间多了一份艺术调性。

3. 色彩在一般室内空间或者商业空间的运用上，分别有什么样的特质和运用原则?

张：居家环境是用来生活的，尤其当我们每天在外工作了 8 小时，回到家后舒适的"视觉感"更显重要；相反地，商业空间大都是人们短暂停留的地方，以彩虹村来说，为什么会特别流行？就是因为色彩缤纷，让游客可以拍照打卡，但若家中也是这样的用色，反而容易因太过缤纷而导致神经衰弱而无法好好休息。

居住者在家中的停留是长时间的，且还有喜好的问题，因此建议居家空间的颜色不要全部涂满，需要有适度留白，并保留能随着季节和时间变化的可能性；但商业空间讲的是吸睛、诱发顾客打卡的欲望，拓展知名度，注重空间与品牌形象的联结，这就没有牵涉到个人喜好的问题，因而能运用大胆创新且活泼的风格。

4. 依您观察，中国台湾地区的设计师与国外设计师在空间色彩运用上的差异在哪些方面?

张：设计师的设计风格与所处的环境是有关的，欧美设计师天生就较有色感，用色较为大胆；而中国台湾设计师一方面还要说服消费者改变用色习惯，一方面东方人对自己的美学不够有自信，所以用色多趋于保守；另外，在台湾室内设计师的训练培养过程中，色彩并非一个主要部分，培养着重于材质的使用及格局配置，甚至是工法，色彩学占的比例相对较少，我认为这也是台湾设计师和国外设计师的差异所在。

5. 台湾设计师在用色搭配方面的优势是什么？可以再进步的地方是?

张：台湾设计师擅于用材料色，会将材料做堆叠，优势在于擅长使用贴近大自然的颜色；能再进步的就是尝试更多地使用涂料色和软装色等来装饰空间，因为材料色较难改变，而涂料色和软装色的变化更有弹性，试想，一个家假如住了十几年都是一样的色调，趣味性就少了。

6. 如何培养对日常色彩美学的敏锐度，如何具体实践?

张：其实如果非设计系毕业或工作领域所需，大部分人对配色的理解是很有限的。以我来说，因为长期从事媒体、杂志类的工作，颜色的搭配逻辑就成为一种必要的学习；除此之外，可以通过电视剧（如近年热播的清宫剧）或电影的观赏来学习用色搭配，同时，可以多接触大自然的植物花草，大自然的颜色，比例是最恰当且丰富的。色彩设计和配色的能力，绝对是能被训练的，想在这个方面有所提高，就要时时留心，对好的色彩搭配多观察、总结。

第 4 章

居家、公共空间的配色灵感

4-1 居家空间

屋龄：新成屋　面积：79.2 平方米　主要建材：OSB 板、木材、系统板材、铁件加灰玻璃、木纹地板　文：陈淑萍　图片提供方：HATCH 合砌设计有限公司

回形动线释放空间，单宁色的捉迷藏小屋

为了让居住空间更舒适，设计师以回形动线释放空间，将原有的一面客厅实体墙拆除，改造成双面可收纳的深灰烤漆电视柜，两侧则是可隐藏、可关闭的悬吊拉门与布帘，白铁件搭配灰玻璃创造出清透无压、虚实相间的自由动线，不论是招待亲友，或是未来作为小孩房，皆具备扩充使用的弹性。

在沙发背景墙与卧房墙面上，以三角形的几何色块分割墙面，呈现单宁蓝与略带浅灰的雪地白；另外，天花板横梁部分不刻意隐去，而是以单宁蓝涂色，拉深空间的立体层次感，搭配斜拼木纹地板、猫抓布沙发和白色餐桌椅，在沉稳的灰色调中，调和出轻松的氛围。

配色逻辑 1　单宁蓝将横梁化为空间点缀，并与灰白色天花板和谐相融。上方的轨道灯不紧贴着天花板，而是采用悬吊方式，下降至与横梁等高位置，让光线不会因横梁受阻挡，有效提升照明效果。

配色灵感与墙面用色概念

重点一：凌晨的蓝、雪地的白，开阔家的视野

设计师替热爱自然、偏好蓝色系的年轻屋主夫妻，打造了单宁蓝基调的空间，搭配略带浅灰的白。单宁蓝犹如黎明将至时的天色，白则让人想到圣洁的雪地。通过虚实变化的回字形间隔，让小家化身为深远开阔的空间。

重点二：低饱和度蓝、白创造景深效果

本案舍弃高彩鲜艳的配色，以带灰阶的低饱和度色粉刷墙面，单宁蓝、雪地白、深灰色，配在一起既和谐安静，又能提升空间的视觉安定感。天花板与梁体则以色彩增加层次感，搭配自然温暖的木纹地板与略带粗犷质感的 OSB 板材。

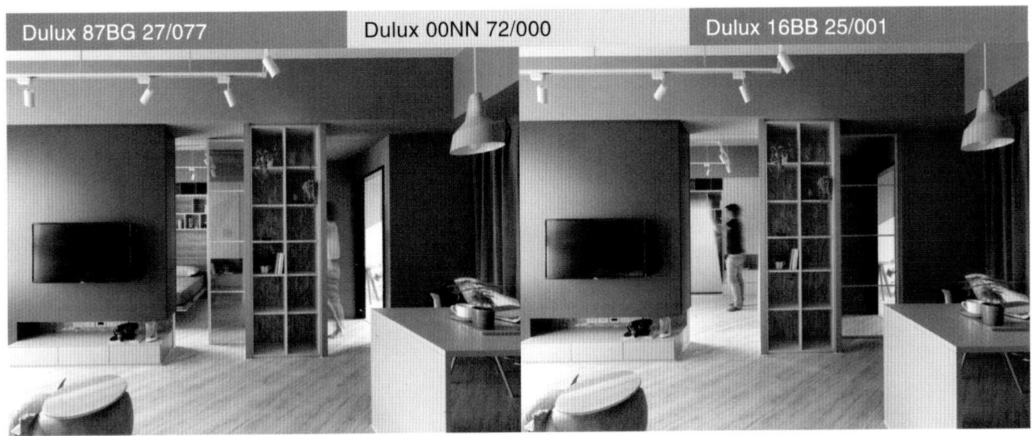

配色逻辑 2 两房的空间格局中，通过深灰电视柜以及拉门，塑造出半开放空间，床架还能整个收纳隐藏至卧房墙面中，让空间使用更具弹性。天花板、收纳柜层板以及餐桌吊灯，看似为白色，其实是刻意降低明度的浅灰白。

配色逻辑 3 沙发背景墙与另一间卧房的墙面，以单宁蓝与浅灰白色，挥洒出三角形色块，让人的视觉随着这道“光束”延伸，形成空间中的一大亮点。

屋龄：新成屋　面积：99 平方米　主要建材：超耐磨木地板、乐土、系统柜　文：张景威
图片提供方：寓子空间设计

低饱和度色搭配鲜艳跳色，舞出北欧风情

设计师将客、餐厅重新规划并采用开放式设计，让透过落地窗洒落的日光能自由流动。客厅电视墙运用乐土表现朴实丰富的效果，并选择深灰色沙发与之相呼应，再以黄色抱枕、蓝色系的单椅及地毯作为跳色点缀，点亮空间。

餐厅以蓝、灰、绿三色的几何图形墙面打造出空间色彩意象，纯白隔间墙延伸出层层展示柜，为空间做了过渡。走进私人空间，主卧床头的墙面以大地色营造惬意感；女儿房则拥有半圆形交错的粉嫩墙面，并以粉橘色系打造梦幻空间；而男孩房的床头墙则以三种清新的颜色拼出三角形的几何图案，且以活泼的跳色突显孩子的个性。

配色逻辑 1　客厅以白墙、浅灰色乐土电视墙为底色，并选择深灰色沙发与之搭配。而温润的木地板与木仓门提高了空间暖度，再运用小面积的黄色、蓝色作为跳色增添活泼的视觉效果。

配色灵感与墙面用色概念

重点一：冷色调的北欧风情

北欧拥有得天独厚的优美的地理环境，有着雪地、森林、极光以及清新的空气，并有着各式各样的建筑，让居住者能分辨家的位置，也为他们带来视觉上的享受。设计师以北欧风格为灵感，以冷色调打造北国风情。

重点二：低饱和度色搭配跳色贯穿公共空间

全室以白墙、温润木地板作为底色，客厅电视墙施以灰色乐土，与深灰色沙发呼应，再配上黄色抱枕与蓝色系的单椅及地毯作为跳色点缀，点亮空间饱和度，而蓝、灰、绿三色亦延伸至开放式餐厅空间，化身为墙面的几何七巧板，完整空间色彩意象。

配色逻辑 2 想要让女孩房气质柔和，但又不想显得稚气，设计师在粉色的墙上以粉紫色与橘粉色呈现交错变化的 1/2 与 1/4 圆弧，带出梦幻且具有质感的卧房空间。

配色逻辑 3 男孩房的床头墙由天空蓝、海水蓝与芥末绿三色的三角形几何图案拼成，以安静的冷色调配合带有暖调的黄绿色让空间显得清爽放松。

屋龄：新成屋　面积：115.5 平方米　主要建材：超耐磨木地板、西班牙瓷砖　文：张景威
图片提供方：北鸥设计工作室

婴儿蓝北欧风，带来暖暖幸福感

此案中设计师以“低装修、高采购”的方式来完成屋主梦想的北欧风。客、餐厅以“零阻碍”为设计概念，拆除一间房，利用开放式设计串起餐厨与起居空间，并搭配少量可移动家具与可旋转 360° 的电视柱，让视听影音与阅读空间没有界限。

另外由于女主人喜爱下厨，希望拥有宽敞的餐厨空间，设计师运用长形吧台打造半开放的厨房，吧台不仅可做料理区、早餐台，下方更是丰富的收纳空间，也为空间做界定。而厨房墙面、地面和位于同个平面的玄关地面选用相同的蓝、黑、白三色花砖，则让空间变得饶有趣味。

配色逻辑 1　室内以简单纯净的白色作为主调，并通过其提升了空间的明亮度，唯有书房墙面以婴儿蓝做底色，并运用白色层架书柜作为与其他空间墙面的呼应。灰色沙发则赋予空间沉稳宁静的氛围。

配色灵感与墙面用色概念

重点一：以颜色表现迎接新生命的喜悦

设计师在用色前会先了解屋主的喜好与空间的功能需求，本案的小夫妻即将迎接家中的新生命，屋主选择了柔和的婴儿蓝做空间跳色，从中透露出父母对即将到来的新成员充满了期待与喜悦。

重点二：白色做底色串起跳色墙面

室内以简单纯净的白色作为主调，并通过颜色提升空间的明亮度，白天即使不开灯采光也十分充足。开放式书房的墙面使用婴儿蓝作为跳色，并选用白色层架书柜来与其他空间呼应，搭配色彩柔和的家具，颜色多元、融合巧妙。

配色逻辑 2　在白色空间中运用彩色的家具来丰富居室氛围。客厅选用与书房婴儿蓝墙面相呼应的设计师款蓝色单椅及粉色沙发，让空间饱和度瞬间提高。

配色逻辑 3　在局部空间施以色彩能让空间更显活泼、有生气。例如在厨房墙面、地面与吧台下方贴上蓝、黑、白三色花砖，并与玄关地面相呼应，让空间拥有很好的整体感。

屋龄：30 年　面积：105.6 平方米　主要建材：洞洞板、磁性板、优质钢石、实木地板
文：吴念轩　图片提供方：奕起设计

360° 环绕柱体，打造多动线空间

屋主希望空间整体能呈现简单清新但不失活泼的氛围，同时将小猫的活动空间纳入其中，并且有强烈的阅读藏书、手作的兴趣，综合以上需求，设计师将原本格局中埋藏在最深处的厨房拉到家的正中央，以 360° 环绕的湖水蓝大型柱体，打造出电视墙、L 型厨房、客用卫浴，将空间的动线变得更流畅。

再以蓝色的对比色亮黄色的家具、软装，如：闹钟、餐椅、层架等增加空间趣味；大型的木质书墙设计成高低错落的造型，除了满足展示与藏书的需求，也成为小猫的趣味通道。

配色逻辑 1　整体空间以亮眼湖水蓝定调，营造清新舒适的感觉 ；亮黄做局部跳色，增添活泼感，餐桌旁同为蓝色系的整面磁性板可以由屋主自由布置。

配色灵感与墙面用色概念

重点一：亮眼聚焦呈现清新活泼的空间氛围

木质家具创造温润柔和的居家氛围，高亮度湖水蓝墙面清新舒适，亮黄色的软装、家具活泼感十足。将大型亮色湖水蓝柱体置于家的正中央作为中心焦点，充分运用空间的每一面，从格局到配色，呈现出清新、活泼的空间。

重点二：蓝、白与亮黄色系的相互呼应

以白色为基底，大面积的高饱和度湖水蓝墙面为空间植入清新感，而软装、家具运用同是高饱和度的黄色，通过对比让颜色自然跳了出来，最深处的黄色工作室大门，则起到点缀空间、形成呼应的视觉效果。

配色逻辑 2　将厨房拉到家的正中央，搭配浅色木纹 L 型的厨具空间，塑造出 360° 的开放动线，同时设计了一道高饱和度的黄色活动拉门，将光线通过折射引入厨房，解决了原格局采光不佳的问题。

配色逻辑 3　高亮度的湖水蓝，借由不同的采光方式，产生多变的视觉效果。不规则的浅色木纹展示柜呈现出活泼趣味，也让小猫多了一处能探险走动的趣味通道。

屋龄：10 年　面积：198 平方米　主要建材：天然拼贴橡木皮、海岛型超耐磨木地板、文化砖、橡木洞洞板、铁件　文：吴念轩　图片提供方：和薪室内装修设计有限公司

善用墙面渐变色，划分区域，塑造空间美感

清新休闲与自然舒适是屋主的理想风格，设计师以白色、洗白的橡木木色为主色调；另外在各区域植入渐变或单色湖水绿，创造视觉焦点，营造休闲舒爽的清新氛围。家具、软装则以低饱和度、浅色为主，饱和度较低的绿色、粉红色座椅满足女主人粉嫩梦幻的期待，浅灰色的窗帘让氛围更显静谧舒适。

值得一提的是，过多清新舒适的浅色容易让整体空间有浮动轻飘之感，因此，设计师在客厅特别挑选了一组深蓝牛仔布沙发，用深蓝色来稳定空间的视觉重心，同时，牛仔布料的气质又可以保持空间原本的清新氛围。

配色逻辑 1　空间墙面以白色、洗白橡木木色为主色调，辅以局部的亮色，创造视觉焦点，同时，设计师特别挑选一组深蓝牛仔布沙发，以深蓝色稳定空间的视觉重心，突显清新调性。

配色灵感与墙面用色概念

重点一：色彩三重奏，舒适又吸睛

白色、洗白橡木木色为主色调，营造温润休闲之感；以渐变色和湖水绿区分公共空间的区域，视觉上清亮吸睛；低饱和度的家具、配饰，静谧舒适，加上女主人大量多彩的铸铁锅展示，使得整体空间清新自然又有趣。

重点二：用色彩创造放松休闲的氛围

公共空间运用单色或渐变的湖水蓝，客厅的电视墙用亮眼湖水蓝，为设备柜创造景深，阅读区与餐厅则以渐变色相呼应，让整体空间清新舒适。私人空间则以白色、泥土色、木色营造放松休闲之感。

配色逻辑 2 原格局厨房的采光较弱，加上女主人收藏了大量缤纷色彩的铸铁锅，因此厨房以白色为主调，呈现干净简洁的氛围，也让收藏得以更好地被展示，而餐厅则以渐变的湖水绿墙面划分区域。

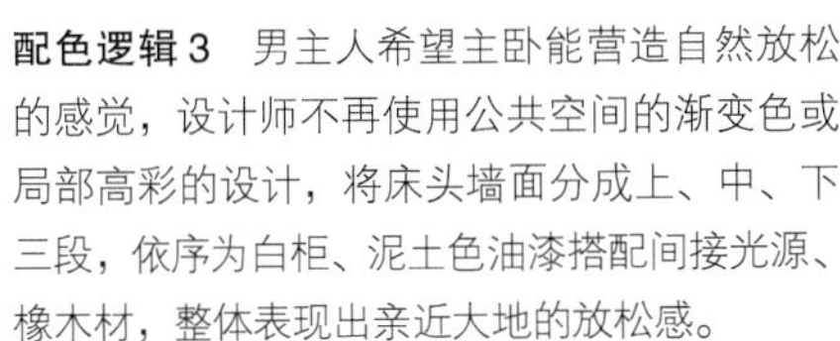

配色逻辑 3 男主人希望主卧能营造自然放松的感觉，设计师不再使用公共空间的渐变色或局部高彩的设计，将床头墙面分成上、中、下三段，依序为白柜、泥土色油漆搭配间接光源、橡木材，整体表现出亲近大地的放松感。

屋龄：新成屋　面积：59.4 平方米　主要建材：钢刷木皮、木地板、油漆　文：张惠慈
图片提供方：尧丞希设计

斜角分割，打造独特北欧风

设计师认为油漆的颜色千变万化，现在能用电脑调色，消费者也能自行 DIY，所以善用油漆是很好的选择，消费者可以用颜色快速打造出一个有格调的新家，设计者则能将油漆当作很好搭配使用的涂料建材。

色彩能产生很直观的视觉效果，所以尧丞希设计在本案的搭配上，运用调和、对比的方式，来取得视觉的平衡感。由于地板与墙面使用大面积的原木色调，需要以对比色系衬托木质的暖色，而冷色调的蓝色刚好可以平衡，打造出一个理情又温情的北欧色调。

配色逻辑 1　客厅运用多层次斜角分割墙面，并涂上深浅不一的蓝，沙发后面的滑门也是由斜纹木头拼贴而成，与墙面的斜角形成呼应。电视柜的设计，运用黑、灰色的组合，成为衬托原木墙面最好的装饰。

配色灵感与墙面用色概念

重点一：心目中的特调北欧风

每个人心目中都有属于自己的北欧风，设计师最大的任务就是将屋主心目中的北欧风表现出来，为了实现屋主的心愿，屋主脑海中北欧风的画面，便成为设计师的灵感来源。

重点二：运用三角形做空间串联

本案最大的特色，即是墙面上的三角色块。设计师以冷色系的两种深浅蓝，将墙面切割出三角色块，让墙面不会只有单一颜色，而显得单调乏味。客厅中大面积的暖调原木墙面，因为冷色系的涂料变得更加丰富，形成一个清亮的空间。

配色逻辑 2 开放式的厨房，让餐桌的位置显得尴尬，且空间上方有梁、旁边有柱，设计师针对户型特点，运用白色系的餐桌，让空间显得轻盈不沉闷。餐厅墙面上的三角形切边，巧妙化解了墙面的压迫感，成为本案亮点。

配色逻辑 3 空间不大的卧房，入口跟床头刚好形成对角，所以将墙面规划为浅蓝色系、天花板为 ICI 白，让空间开阔不压抑。设计师为了搭配既有门板的颜色，将门口的木纹衣柜设计为黑色边框，以达到视觉上的呼应。

屋龄：1 年　面积：99 平方米　主要建材：实木皮、超耐磨地板、玻璃、烤漆、仿饰漆、布帘、铁件、赛丽石　文：吴念轩　图片提供方：一亩绿设计

浅蓝墙面清新简约，缤纷天花板点亮空间

活泼自在的色调，进门就能感受到。饱和度较低的清新蓝色墙面搭配大片落地窗，引进光源，让阳光自由洒入，配合天花板上高饱和度的几何色板，为狭长的公共空间增添了层次，彩色几何板一路延伸到开放式的阅读区，将客厅、餐厅、书房自然连接了起来，同时也提高了室内采光的明亮程度。

客厅彩色的铁制蝴蝶壁饰对应卧房的白色蝴蝶，为空间植入生气、增添童趣，成为吸睛亮点。除了清新的墙面用色技巧，大量的隐藏式收纳配置，增添了实用功能，让生活更方便，也让空间更显简约自在。

Dulux 40BG 65/171

配色逻辑 1　浅色调的条纹木质餐桌搭配跳色餐椅，年轻活泼，低饱和度粉蓝色墙面加上大面积落地窗，清新休闲。

配色灵感与墙面用色概念

重点一：多彩色块装点天花板与墙面

以白色为主色，浅蓝色的整片墙面为辅，营造清新舒适的色彩氛围，墙面上装饰铁制的彩色蝴蝶壁饰，增添动态活泼之感；天花板则选用多色彩、高亮度的几何色板作为装饰，从餐厅一路延伸到阅读区。

重点二：素色与多彩色的完美融合

干净简约的空间配置，浅蓝与白作为主色，使室内的空间显得宽敞明亮。把装饰的重点放在墙面的铁制彩色蝴蝶与天花板的几何色板上，增添空间的趣味，为原本素净的空间画龙点睛。

配色逻辑 2 色彩缤纷的几何天花板装饰，用饱和度较高的色彩点亮空间，并通过色板的延伸与其他的空间相连。

配色逻辑 3 卧房床头湖水蓝墙面上，安放了一个立体半开的白色盒子，蝴蝶顺着开口方向翩翩飞舞，为空间增添梦幻休闲的美好意象。

屋龄：1 年　面积：204.6 平方米　主要建材：超耐磨木地板、OSB 定向纤维板、铁件、长虹玻璃、人造石、木纹砖　文：李宝怡　图片提供方：方构制作空间设计

浅天蓝与明亮黄，共谱缤纷北欧曲

由于屋主喜欢北欧风格的自在生活，并对色彩有自己的偏好，设计师将屋主的喜好融入空间里，以平行线性的设计手法，将空间打造成流畅无拘束且通透清爽的明亮家。

本案以拉高的斜屋顶绘出空间的线条，以平面、立面和斜面的交互关系，塑造出空间的活泼感，并以交错跳跃的两个主视觉色彩——浅天蓝及明亮黄，为居室注入活力。室内的视觉效果以轻盈为导向，并以低矮的家具为主轴，悬浮的电视柜+鞋柜，单向支撑的餐桌等，强化了空间的延伸感，规律又不呆板的动线规划，为空间带来舒适的居住体验。

配色逻辑 1　客厅的沙发、电视柜与餐厅的中岛、餐桌均采用平行线性的设计，呈现出宽敞舒适的视觉感，搭配斜屋顶天花板，让空间自在舒适。同时，在全白空间里以浅蓝、鲜黄、中性灰色系的悬浮电视柜及墙饰，营造视觉亮点。

配色灵感与墙面用色概念

重点一：色彩与光影交织带来明亮的空间氛围

设计师以跳色搭配的手法演绎住家的味道，在全白的空间框架下注入色彩元素和细腻的家具，给予屋主新鲜的感觉和美妙的空间体验。在室内空间引入大量自然光，并与家具及色彩元素交织出独特的效果，让北欧风格除了鲜活明亮的个性外，还拥有生命的活力。

重点二：不同面积的跳色处理，营造律动

大面积的留白，更能突显出屋主喜欢的色调，蓝色象征蓝天，黄色象征日光，选择面积小的体量来做跳色，避免大面积的高饱和度颜色给回家需要放松的双眼带来负担，例如：餐厅的黄色吊灯、沙发的蓝色抱枕等，增加空间的多样性及视觉延伸感。

配色逻辑 2 在大理石餐桌及白色中岛为主的餐厅里，小面积的跳色散落在空间的各个地方，令视觉有延伸感，例如柜体和灯具选用活泼明亮的鲜黄色系，厨房门框选用浅蓝色系，形成活泼的对比。

配色逻辑 3 利用双面柜体设计，将餐厨空间后方的墙面拉长延伸，并运用镂空、菱形酒架及门板交错设计，展现多种功能，也为空间增加趣味性。柜体后方空间设计为开放式的阅读区，成为大人、小孩一起看书、游戏的温馨亲子空间。

屋龄：40 年　面积：105.6 平方米　主要建材：桦木复合板、超耐磨木地板、油漆
文：李宝怡　图片提供方：穆丰空间设计有限公司

碧蓝色文艺北欧风，创造浪漫空间

40 年的老屋，屋主本身热爱烹调，希望改造封闭式厨房，打造宛如咖啡厅的空间与家人共享。因此设计师拆除厨房隔间，并将其位移至窗边，改以矮墙做间隔，空间通透、采光能深入屋内外，也能与家人亲密互动；厨房墙面选用屋主喜爱的藕紫色为主色调，地面则铺粉蓝复古砖相呼应，打造清爽空间。

客厅、餐厅全室净白，墙面、柜体巧妙露出浅色木纹，温润的木材奠定了北欧风格的基础；同时，特地将电视屏风墙居中，成为空间的视觉中心，采用 Tiffany 的碧蓝色作为跳色，淡雅的色调营造宛如晴空的清新感，并将 Tiffany 碧蓝色延伸至厨房的墙面、走廊以及主卧房空间。全室搭配深色木地板，让空间的视觉效果更为沉稳，也让空间更有自然韵味。

配色逻辑 1　空间中央以 Tiffany 碧蓝色电视屏风墙作为焦点，并将碧蓝色延伸至房门门片，以及主卧空间。而电视屏风在全白背景、浅木纹造型柜及深色木地板的衬托下，成为视觉中心，避免了空间的视觉效果过于虚浮，塑造出更有质感的空间。

配色灵感与墙面用色概念

重点一：白色奠定空间基础，碧蓝做跳色

全室天花板、墙面采用白色，地面则选用深色木地板，以上浅下深的配色，稳定空间重心。公共区域则运用如同晴空的 Tiffany 碧蓝色作为空间跳色，搭配自然木纹，传递清新北欧风，也营造出屋主想象中的艺术咖啡厅的氛围。

重点二：打造疗愈藕粉色系情调

公共空间的配色逻辑及手法也延伸至卧房的墙面，在白色空间里，运用 Tiffany 碧蓝色的油漆将卧房门口、卫浴间和衣柜打造成一个整体，呈现出清爽温馨的效果。厨房则选用藕紫色墙面和粉蓝地砖做点缀，而粉嫩疗愈的低饱和色系，也使用于儿童房中。

Dulux 30BG 43/163

配色逻辑 2 微调主卧区域划分，腾出储藏区，增加收纳功能。而卧房门片、卫浴间和衣柜皆位于同一立面上，为了避免门片过多带来凌乱感，设计师以公共空间的 Tiffany 碧蓝色涂刷，塑造出整体感极佳的墙面效果。

Dulux 50YR 47/057

Dulux 50YR 47/057

配色逻辑 3 厨房位于窗边，有充足采光，因此采用屋主喜爱的藕紫色为主，让甜美的空间中带有沉稳气质，并将藕紫色从墙面延伸至料理区立面的烤漆玻璃。地面则采用粉蓝色的花砖，与藕紫色立面相呼应，和谐美好。

屋龄：新成屋　面积：108.9 平方米　主要建材：木皮、烤漆铁件、超耐磨地板　文：张惠慈
图片提供方：实适空间设计

拼色墙面，以色彩分界线打造开阔沉静的理想家

以屋主的需求为出发点，设计师将 108.9 平方米的家以色彩分界装饰，打造空间的开阔感。为了符合 30 岁出头的屋主夫妻的需求，空间以稳定、放松、年轻为主题，因为空间的高度够高，所以不需过多的木作，仅用颜色就能达到整体平和的效果。

本案先从挑选木地板开始，从木地板的颜色选择，到墙面的跳色处理，整体配色沉静、平稳。客厅背景墙以洗墙灯强调颜色的不同，天花板高亮度的选色也让挑高空间更为独特。木质地板与墙面的暖色系搭配，营造出温暖、柔和的空间氛围。

配色逻辑 1　客厅的沙发背景墙以暖灰色系为主，颜色与西班牙品牌“vibia”灯具呼应。而蓝灰色的布面沙发，搭配紫丁香色皮革底座，色彩沉稳、温馨舒适。

配色灵感与墙面用色概念

重点一：暖灰色系营造空间舒适感

由于屋主时常出国，希望家里以简单舒适为主，不要有过多的装饰，一方面也能节省预算。因此，设计师选择以涂料突显空间的特色优势，在居室中注入柔和的色彩，希望屋主回到家中能感受到舒适、温暖。

重点二：运用两色分界塑造空间

墙面用色以跳色处理，分上与下两种不同的视觉感。运用白色搭配暖灰色系，令整体空间更显温暖有质感。而两色的运用，也为上下两个区域塑造了不同背景，同时，将白色比例减少，令空间更为沉静、舒适。

配色逻辑 2 玄关以抛光砖界定空间，一旁的鞋柜结合功能柜，一路延伸到厨房。木质柜与系统厨具融为一体，让以白色为基底的空间，不显得杂乱，反而更为安宁、温馨。

配色逻辑 3 卧房床头背景墙的颜色，几乎与床头的亚麻布融为一体。这是设计师的巧思，先选好背景墙的蓝灰色，再挑选布料的颜色，最后再以软件的颜色搭配、点缀，呈现温馨美好的效果。

屋龄：30 年　面积：72.6 平方米　主要建材：烤漆铁件、清水泥砖、超耐磨地板　文：张惠慈
图片提供方：实适空间设计

缤纷色中加点灰，塑造空间层次

本案在颜色的处理上，适时地加入些许灰色，让缤纷的色彩更加耐看、沉稳。设计师参考北欧家具品牌“Hay”和“Muuto”的颜色搭配，因此，本案稍带点北欧风。由于家里没有电视，为了整体的丰富性，设计师订制一面铁架当作主墙，屋主能放置书籍或收藏品，让客厅的公共空间，面对的不是空荡荡的墙，而是有趣、多变的装饰。

厨房做成开放式的，设计师希望厨房能跳脱一般装修常用的白色，选用深灰黑为底色，增加质感。地板使用超耐磨木地板，与木桌椅互相呼应，并将树干横挂于天花板上，为空间注入自然气息。

配色逻辑 1　客厅以沙发的灰色作为主色，搭配白色与灰绿色的墙面，再辅以饱和度较高的抱枕，与墙面订制铁架中的收纳盒颜色互相呼应，以沉稳的底色搭配多彩的点缀，达到视觉的平衡。

配色灵感与墙面用色概念

重点一：放松休闲，融入自然元素

由于屋主是医护人员，设计师希望在家中弱化医院常有的白色元素，所以在设计上尽量减少白的使用，并融入大自然的气息、增加自然元素。另外为了符合年轻屋主的需求，在设计上运用带点灰的活泼色彩，让空间显得有活力又沉稳。

重点二：运用配色，界定公私空间

墙面用色以公共空间的灰绿色，与私人空间的深灰绿做区别，展现进入到私人空间的沉稳感。在公共区域当中，尽量减少白的墙面，运用厨房的绿色瓷砖与沙发背墙做呼应，让拥有众多颜色的公共空间，有层次但不显得杂乱。

配色逻辑 2 餐厅的天花板上有一大亮点，树干上缠绕电线，挂上柒木设计的灯具，为空间带来浓郁的自然气息。屋主非常喜欢水泥材质，设计师特别在餐桌一旁设计清水泥砖，展现温润的一面；也让整体的配色更多变。

配色逻辑 3 卧房墙面以深灰绿色、白色搭配，将私人空间设计成更沉稳的气质，也让屋主能更放松、容易入睡。同时，搭配大红色家具，让跳色为空间带来特别效果。

屋龄：新成屋　面积：169.95 平方米　主要建材：木皮、铁件、瓷砖、油漆、烤漆、壁纸、玻璃
文：张景威　图片提供方：馥阁设计整合有限公司

20 种颜色的家，呈现内心的缤纷宇宙

此案从屋主所喜爱的设计师与家具作为出发点，打造更贴近艺术家色彩与风格的空间，让屋主内心的缤纷宇宙得以呈现：客厅的天花板是源自英国时尚品牌 Paul Smith 的启发，并请来拥有丰富壁画经验的法国艺术家 François Fléché 执行完成，通过降低条纹的饱和度来取得平衡，不让缤纷条纹扰乱空间的主体。

多功能室则是向草间弥生致敬，具有穹顶的空间加上彩色圆点装饰，玩转空间印象，从客厅望来显得安静，而从另一面的和室看去则感到活泼。主卧为了衬托屋主收藏的画作，在床头墙面选择紫红色为跳色，让作品更显眼，同时营造出浪漫氛围。

配色逻辑 1　餐厨空间的主色调选用亮橘色，客厅天花板的设计则源自 Paul Smith 的启发，虽然是多彩条纹但却选用低饱和度的色彩来衬托下方鲜艳的家具。地面则以纯白色来平衡空间色彩，让颜色转换自然不突兀。

配色灵感与墙面用色概念

重点一：缤纷却不显杂乱的色彩搭配

屋主一开始就提出四种喜欢的颜色：橘色、绿色、粉红色与紫色，并且在预售屋在建的四年间与设计师不断讨论，最后打造出能够衬托许多收藏艺术品的“拥有 20 种颜色的家”，再与法国艺术家合作，通过墙面壁画与天花板彩绘让家宛如艺术品展厅般生动有趣。

重点二：包容色让色彩耀眼不混杂

设计师将屋主喜爱的颜色置于不同空间，客厅天花板与家具选色缤纷，因此墙面使用包容性强的粉色让空间色彩耀眼却不混杂，而主卧墙面选用紫红色营造浪漫的卧室氛围。绿色应用在和室，餐厨空间则施以亮橘色，并以白色作为调和，让颜色转换自然不突兀。

配色逻辑 2 具有浓厚草间弥生意象的多功能室，白色墙面加上彩色圆点作为空间的装饰，玩转空间印象，从客厅望来显得安静，而从另一面的和室看去则感到活泼。

配色逻辑 3 如何让人身处五颜六色的家中而不觉得视觉疲劳，运用包容色就十分重要，设计师在客厅墙面施以粉红色，包容彩色条纹天花板与缤纷的家具。

屋龄：40 年　面积：82.5 平方米　主要建材：超耐磨木地板、木皮、烤漆、油漆、墙砖
文：李宝怡　图片提供方：穆丰空间设计有限公司

打造蓝色风景，徜徉浪漫英伦风

82.5 平方米的 40 年老屋，既有的公共空间较为晦暗无光，且公私区域分配不均，造成空间的浪费，于是设计师重新规划客厅、餐厅及厨房三者的关系，将三个空间连通，把原先多余的过道纳入客厅，增设一间收纳储藏室。同时在沙发墙安排一道格栅玻璃窗，让户外光线照进室内，增加书房与客厅的光线及视野，成功解决采光问题。

为营造屋主喜欢的欧式英伦风格，设计师从玄关开始至电视主墙运用不同的蓝色调，呈现出空间的深度，并在转折处以尖屋顶、造型壁板等元素打造展示区域，传递有如童话小木屋的梦幻氛围，也将这些元素延伸至私人空间中的主卧、工作室及儿童房，运用淡雅的色彩，塑造出浪漫清新的童趣氛围。

配色逻辑 1　从玄关墙开始，漆上轻柔粉嫩的蓝色，电视主墙漆上沉稳的蓝色，利用玄关墙、电视墙延展出空间深度。沙发背景墙的黑色欧式格子窗框，大面积引进光源，为公共空间引入充足的光线。

配色灵感与墙面用色概念

重点一：以不同蓝色调打造英伦风

为谱写出英伦风情，全室空间利用天花板的白及木质地板，搭配从玄关至客、餐厅里大面积的蓝色立面，再辅以复古、略带工业感的家具装饰，展现浓浓的英伦气息，尤其走廊的蓝色木屋造型的设计，也带出清新的英伦童趣。

重点二：淡雅色彩塑造轻松童趣氛围

蓝色调除了在公共空间大面积使用，更延伸至私人空间，例如主卧主墙刷饰淡雅的灰紫色调、工作室的薰衣草紫色功能板等等，而儿童房更运用黄色基底，搭配粉红色及嫩绿色的造型床框，把欧洲缤纷的童话氛围带入室内。

配色逻辑 2 主卧的主墙面刷饰淡雅的带点紫色调的灰蓝色，左右两侧则依男女主人的需求打造不同功能桌，搭配有着浓厚英伦风格的蓝色格子寝具，再以木质百叶窗将温暖采光引入室内，调和出明朗清新的画面。

配色逻辑 3 儿童房使用渐变鹅黄色打底，并量身打造小木屋造型床框，搭配粉红色及嫩绿色，营造让人感到放松、温馨的空间，让孩子们在专属的秘密基地里睡得更香甜。

屋龄：5 年　面积：52.8 平方米　主要建材：木皮、烤漆玻璃、铁件　文：李宝怡
图片提供方：威枫设计工作室

蓝色、慵懒的轻工业风，享受北欧自在生活

对新婚夫妻来说，空间虽然仅有 52.8 平方米，但只要好好规划，也能将小空间放大，享受生活。想将小空间放大，增加使用功能，第一个步骤就是拆除原有厨房的隔墙，用吧台串联起厨房、餐厅，让餐厅除了用餐外，还可以作为阅读的书桌。

电视墙以大地色系漆饰，搭配沿窗增设的卧榻区及布沙发、灰蓝色的沙发背景墙呈现出慵懒的空间气氛。深蓝色的餐区，木纹质感的餐桌椅及黑色系的现代风格吊灯，营造出自然温润又带有时尚摩登风情的北欧氛围，主卧及次卧，以不同的灰蓝色调，打造沉稳安定感。

配色逻辑 1　以大面积冷色调的靛蓝色及中性的青蓝色界定客、餐厅及过道空间，让人仿佛置身于地中海海边慵懒地看海，放松休息。而镂空的黑色玄关屏风如同相机的取景框般聚焦空间中的动人画面，并与吊灯及壁饰相呼应。

配色灵感与墙面用色概念

重点一：蓝色与大地色，打造质感空间

为营造屋主喜欢的现代北欧风格，设计师运用白色天花板及实木地板贯穿整个空间，去除不必要的墙体改以吧台取代，让视野放大延伸，室内则借由不同色阶的蓝色与大地色系做双色变化，创造出沉稳、安定且层次丰富的质感空间。

重点二：同色系浅深搭配，营造舒适慵懒感

公共空间的墙面以深、浅蓝色调作为背景色，隐喻客、餐厅区域的主次关系，电视背景墙以大地色系漆饰，呈现朴实无华的自然气息，搭配吧台、卧榻、木纹质感的餐桌椅、大尺寸布沙发、跳色抱枕、黑色吊灯、吧台旁的相片墙，为空间注入北欧时尚风情，营造慵懒氛围。

配色逻辑 2 在蓝色为主调的空间里，电视背景墙以大地色系打造朴实无华的自然效果，而大面积的灰蓝色沙发背景墙中，以一条白色横条饰板作为装饰，点缀跳色抱枕，在简约空间里创造一抹律动。

配色逻辑 3 主卧主墙面延续客厅的灰蓝色系，利用墙面转角设置化妆台，同时将衣柜改为玻璃拉门变身小而美的更衣间，也让光得以进入延伸，使空间不会显得太局促。

屋龄：10 年　面积：49.5 平方米　主要建材：油漆、定制金属架、不锈钢、海岛型人字拼木地板　文：李宝怡　图片提供方：ST design studio

黑灰白的唯美风，打造都会绿洲

位于都会中心的 49.5 平方米小宅，原本被隔出 5 个房间，使得有限的空间被划分成更小的区域，导致采光、通风、动线都不佳。为了让生活更舒适且便利，设计师通过打通及整合空间的设计手法，仅保留厨房及卫浴的隔间，其他隔间全部拆除，让日光能在家里自由流动。

全室以白色调为主，但为了配合每个空间的使用功能，采用灰色调打造出浅灰色的主卧主墙、灰色的客厅主墙、深灰近黑色的电视柜，搭配不锈钢工业用老灯具、人字拼贴的橡木海岛型地板以及吊挂的绿色盆栽，塑造 Mini Loft 风，也为屋主与爱猫提供无障碍的活动区域。

配色逻辑 1　开放式客、餐厅的白色主墙面，运用可拆卸调整的铁件与层板组建起书柜兼展示柜，灵活可变的层板满足屋主收纳需求，更是爱猫最爱的游乐场所。搭配上方的吊柜，成为空间里最佳的装饰。

配色灵感与墙面用色概念

重点一：以白色为主，灰色调为辅界定各空间

由于空间仅有 49.5 平方米，扣除厨房及卫浴，实际使用空间不到 33 平方米，因此整体空间采用简洁的白色调为主要背景，放大空间感，并用不同的灰色调作为主墙色，以界定每个区域，也使空间更有层次感。

重点二：突显功能的蓝色洞洞板

卫浴间外墙设计成深灰色的墙面，打造出空间的视觉重心，涂刷时刻意不涂满，保留白色梁柱结构与天花板相呼应，让空间显得更高更开阔。房间主墙使用浅灰色调营造干净、沉静的氛围，令斗柜上方的功能性蓝色洞洞板被突显出来，空间变得更加丰富。

配色逻辑 2 人字形木地板及厨房的木色橱柜，为空间带来自然氛围，而卫浴外墙的深灰墙面和整体的白色墙面形成对比，营造出空间张力及深邃视觉感。黑色圆形铁管衣架，线条简洁，也是屋主展示收藏的区域。

配色逻辑 3 在白净的开放空间里，深灰近黑色的电视柜成为视觉的焦点，同时以矮屏风界定卧房与公共空间，不妨碍光线进入。主卧主墙则采用浅灰色调展现沉静氛围，也突显出床边具有收纳功能的蓝色洞洞板。

屋龄：30 年　面积：66 平方米　主要建材：手工彩绘砖、大理石、烤漆、西班牙砖、超耐磨木地板　文：李宝怡 图片提供方：元典设计有限公司

淡灰蓝色的英伦风住宅，谱一曲轻奢调

这是一间位于老旧社区的 66 平方米小宅，由于屋主曾旅居国外，因此想要营造出如欧美电视剧中明亮舒适且富质感的空间，跳脱小区环境的老旧印象，设计师以“英伦 + 美式”的混搭风格，作为本案的设计主题。

公共空间部分，设计师将原本的空间格局尽量打通，如书房及厨房改为玻璃格栅推门设计，让光线得以进入室内，同时以淡雅的浅灰色贯穿全室，呈现静谧恬淡的氛围；适度用线板装饰天花板、踢脚线和柜体，塑造出层次效果。搭配美式工业风的壁灯、沙发、金属把手等，以及厨房及卫浴的拼贴瓷砖，让中性空间中带有奢华美感，也塑造出空间的隽永气质。

配色逻辑 1　公共区域里以较为中性的浅灰蓝色为基调，表达低调沉稳的英伦风格，与灰色调家具搭配，用同色系色彩营造高级氛围。

配色灵感与墙面用色概念

重点一：恬淡灰蓝为基调

为塑造出英伦的质感及美式的明亮，设计师在用色上选择淡雅的灰蓝色，搭配天花板的白及木质地板的暖色，并适度用装饰线点缀，打造出功能、美感两相宜的英伦风。局部小范围运用特殊的花砖及颜色较突出的家具、家饰点缀，塑造空间层次感。

重点二：同色系色彩中用跳色聚焦

在公共空间的客、餐厅及书房、厨房部分，选用灰蓝色墙面，其他部分的颜色，也都加入灰色调，让色彩呈现隽永的高级质感，仅在天花板、踢脚线、门扇等细节处以白色线板勾勒出经典欧美元素，使得黑板及门框的黑、壁灯及把手的金在纯净空间中呈现出细致的层次效果。

配色逻辑 2 餐厨区采用粉嫩色系，并通过拼花地砖、木质天花板与灯饰增添生活气氛，另外在葡萄紫为主色的厨房之中设计一扇拱形室内窗，让阳台光线可直抵餐厅。

配色逻辑 3 呼应公共空间的灰蓝色调，主卧采用灰色调的浅卡其色作为主墙色调，柔和的色彩搭配窗外洒落的阳光及白色化妆台，让空间呈现自然、温和、宁静的氛围。

屋龄：6 年　面积：132 平方米　主要建材：磨石地板、铁件、铜件、大理石、红砖、瓷砖、木制品、织物　文：李宝怡　图片提供方：PSW 建筑设计研究室

时尚日光单层宅，像调色盘般丰富有趣

本案有 132 平方米的空间，对于有一个学龄前女儿，以及一只小狗的夫妻来说，是够用但有点局限性的空间。一贯喜好挑战建材与施工的 PSW 建筑设计研究室，针对这个设计案规划出一个狗与小孩都能奔跑、捉迷藏的有趣空间，让家人间的互动空间，能从公共区域延伸到整个空间。

通过移除原有隔间，打通空间，铺上适合宠物行走奔跑的磨石地板，再加入不同铜条造型来区分空间，辅以造型墙砖与通透的铁件隔间塑造出视觉反差，创造出特有的空间美感。

配色逻辑 1　半开放的厨房与客厅并无明显界线，主要以中性白墙与相近调性的沙发、窗帘作为主体，并以磨石地砖的铜线花纹做区分，再配上小型家具与厨房的粉色调点缀，稳重与活泼趣味兼具。

配色灵感与墙面用色概念

重点一：高雅中带活泼，局部点缀为空间增添柔暖度

住家打破原有格局，释放动线，改为能灵活使用的两房，玻璃墙隔间让光线进入家里每个角落，配色原则是高雅中带些活泼，并以局部色块来加强空间的柔性与暖度，敞亮开阔的布局，让小孩及宠物能在空间里尽情奔跑。

重点二：材料排列+色彩反射的调色盘概念

运用数位模拟技术，在家打造 3D 立体墙面，再通过材料、色彩、反射作用营造新颖的视觉效果，让家如同调色盘，立体墙会因行走方向及角度，或日光的强弱而产生色彩变化。同时，整个空间以浅色中性色调为基底，搭配现代家具和俏皮设计。

配色逻辑 2 粉色弹性折门可以将厨房空间全部隐藏起来，需要时再开启，搭配蓝色青花砖，带给空间活泼意象；砖块以数位模拟动态模式排列，呈现如同波浪状的墙面，并用白色漆面突显立体砖墙，减少砖墙的沉重感。

配色逻辑 3 以玻璃及铁件做隔间打造透明的卧房，并以十字花卉造型的铜线磨石地面区分，延伸至更衣间，柜体以高亮度的白作为底色配上黑色滚边，呈现出优雅的质感。

屋龄：15 年　面积：165 平方米　主要建材：扩张网、盘多磨地板、烧杉木、花砖、木地板
文：李宝怡　图片提供方：KC design studio 均汉设计

当炫酷工业风遇上甜美乡村风，玩转墙面色彩

去掉层层的装饰，还原最单纯的空间架构。基于屋子的长方形格局，在动线的规划上，以自由动线的设计取代树枝状动线，为空间带来充足的采光，打造出方便且有效率的活动路径。

格局规划上考虑屋主生活习惯，提出空间生活圈的概念，分为私人生活圈及开放式生活圈。私人空间如：健身房、更衣间、卫浴空间及主卧，它们彼此独立又紧密相连，隐蔽性好不受外人干扰；开放式生活圈的概念则将建立人与人之间的亲近感，设计师串联客厅、餐厅及轻食区，创造家人间更多的互动。

配色逻辑 1　开放的公共区域串起客厅、工作区和餐厨空间，因为天花板饱和度高，因此家具及地板选择饱和度低的材质来搭配，而能 360° 翻转的电视机则为空间带来更多灵活性。

配色灵感与墙面用色概念

重点一：彩色折板，界定空间区域

为创造出更高的空间感，删减掉不必要的天花板包覆，并考虑好照明、管线、原始楼板和梁柱问题，设计师提出了折板的概念，利用折板穿越开放区的各个区域，并界定空间，最后再配合乡村风格的拼花手法，在不同的矩形折板中放入三种不同密度的铁网，搭配不同色彩，增添天花板的趣味性。

重点二：在低饱和度中突显三种风格特色

为呈现屋主夫妻向往的工业风格与乡村风格，设计师将两者的重点元素进行混搭，例如餐厨空间里以拼花概念及原木质感展现乡村风，客厅及书房则采用工业风格的钢铁建材和玻璃隔间，最后借由现代普普风格的手法，以大面积的黄色墙柜为主卧注入活力，打造屋主向往的空间风格。

配色逻辑 2 为呼应天花板的粉蓝色折板及嵌入盘多磨地板的蓝色乡村花砖，厨房立面选用视觉刺激性低的颜色及材质，例如烧杉木墙、不锈钢厨具等，提高协调性，也在一片水泥色中，营造视觉亮点。

配色逻辑 3 希望主卧在粗犷中带一点活泼，所以整面书柜为平滑的黄色。设计了一道水泥屏风墙并嵌入六角砖装饰，区分出寝室与健身室、更衣间、浴洗区；同时，在镜面反射下，营造出开放又有隐蔽性的空间。

屋龄：15 年　面积：198 平方米　主要建材：文化石、进口木纹砖、进口定制壁纸
文：李宝怡　图片提供方：摩登雅舍室内设计

缤纷马卡龙色系，构筑美式乡村童话风

马卡龙色系指的是明快鲜艳，却又透着一种温柔奶油味的色调，运用在食品、服装、配件及建筑空间里，例如桃粉色、静谧蓝、淡灰紫、毛茛黄等等，引领着色彩潮流。

本案设计师协助五口之家，从收纳不足、凌乱不堪的旧家，化身为童话风新居。通过空间格局的重新规划及动线安排，配合收纳功能整合，注入美式乡村风格的精致，并运用马卡龙色调，丰富每个空间的视觉感受。客厅主墙上手绘的彩色鹦鹉，象征着一家人亲密的情感，也为公共空间带来明快的氛围。

Dulux 16GY 54/615

配色逻辑 1　客厅运用亮眼的莱姆绿作为主色调，带入清新感，舍弃电视墙，改以卧榻阅读区，提供亲子相处空间。沙发背景墙上的七彩鹦鹉，则象征着一家人幸福生活的景象。

配色灵感与墙面用色概念

重点一：运用色彩定位空间属性

为营造缤纷的美式乡村风，除了保留天花板的白色，拉高室内天际线外，设计师运用大量的弧形拱门作为空间间隔，地面以瓷砖、木地板来界定空间，搭配鲜艳明亮的马卡龙色系，突显空间的活力。

重点二：马卡龙配色，丰富各空间表情

全室以马卡龙色调为主，在公共空间以清新色系为主，例如客厅采用莱姆绿色调，注入夏季清新感，厨房及餐厅则用粉紫及粉色串联；私人空间的饱和度则降了一级，例如主卧的灰蓝色系、男孩房的英伦蓝、女孩房的粉色等，以不同色调对应家庭成员的个性，开启缤纷的视觉盛宴。

配色逻辑 2 餐厨区采用粉嫩色系，通过拼花地砖、木质天花板与灯饰增添生活气氛，另外在葡萄紫的用餐区设计一扇拱形室内窗，让阳台光线可直抵餐厅。

配色逻辑 3 拥有两个更衣间的主卧，满足了男女主人各自的需求，运用薰衣草的灰蓝色系，墙面搭配蓝色壁纸及白色墙裙，让人仿佛来到普罗旺斯。

屋龄：15 年　面积：99 平方米　主要建材：实木皮、烤漆玻璃、进口壁纸、超耐磨地板、进口瓷砖、系统柜、TOTO 卫浴、樱花厨具　文：李宝怡　图片提供方：威枫设计工作室

复古乡村宅，用色彩及电影海报装点墙面

当屋主将多年的老屋交由设计师翻修时，设计师考虑到屋主喜欢花花草草及有收集电影海报的习惯，因此建议采用乡村风的墙裙、弧形等元素，搭配缤纷色系，赋予老屋新的空间故事与灵魂，再配合绿植的自然生命力，让家充满温度与人文想象。

通过打通公共空间的格局，以大面积的木纹地板塑造温暖、质朴的乡村风场景，并顺应 L 型格局安排客、餐厅位置，与阳台呼应，同时引进光源，并以中岛区分餐厨空间，沿着墙面摆设餐柜，打造开阔明亮的空间。

配色逻辑 1　开放式的公共空间，以绿色墙面塑造出客厅，大量引自然光源入室，展现宽敞明亮感；搭配木纹地板，突显温暖质朴的乡村风格，并在过道间以不同的黄色调做引导，逐渐过渡至餐厅空间。

配色灵感与墙面用色概念

重点一：运用色彩定义空间

本案以白色天花板及木地板作为基础色，再用色彩区分空间，绿色的客厅、黄色的餐厅、蓝绿色的厨房，中性灰主卧及冷调蓝的次卧，在色彩缤纷的空间里注入宁静的氛围。

重点二：以高低不同的饱和度，界定公私区域

公共空间以饱和度高的缤纷色彩演绎，用绿色墙面营造出客厅氛围，与明亮的柠檬黄阳台的盆栽呼应；餐厨空间则选用黄、蓝绿色系，并用中岛巧妙区分空间，平台桌边贴有缤纷瓷砖，丰富空间表情，同时也与私人空间中性及冷色调的墙面形成对比。

配色逻辑 2 用简单的色调变化，区分不同空间，视觉上也更加明朗。以中岛吧台分隔餐厨空间，用疗愈的蓝绿色搭配白色瓷砖塑造清爽干净的烹调环境；用餐区则选用黄色调，营造出欢乐温馨的空间，打造温暖的乡村家居生活感。

配色逻辑 3 主卧空间中，局部的黄绿色为空间注入活力，突显出大面积的灰色调及天然木材的质感，搭配古典的家具、床饰，营造优雅静谧的休憩环境。

屋龄：5 年　面积：198 平方米　主要建材：镭射雕刻、特殊烤玻、特殊处理镜面、仿古石材、皮革、织物、定制壁纸　文：陈淑萍　图片提供方：艺念集私空间设计

住进清新空间里，看花开、迎花香

空间以不同浓淡的自然色系打造，用清新的“荷”意象，点出空间的主题，玄关处的屏风与圆形天花板，选用代表生命力的“绿”。为化解穿堂煞而设置的屏风，一侧是镂空荷叶叶脉搭配精致的镜面，另一侧则是用海绵手工拓染的叶脉，让叶的纹理更接近自然。

玄关浅驼色的柜体与层板，让空间温暖可亲。客厅墙面上半部分的带状木色色块、餐厅柜体上绿与淡驼色的拼贴处理，皆活泼、暖化了空间，同时也呼应着大地的包容与温暖；此外，储藏室门片上的荷花彩绘、女儿房床头的 Tiffany 蓝色礼物盒图样壁纸、吧台和门片上局部镶嵌的琥珀镜，也低调地为空间增添一丝女性的轻奢风情。

配色逻辑 1　电视主墙的洞石，肌理自然细腻；墙下方的收纳层柜与左右墙面，则是低调又带点女性气息的紫灰色，后方的书房空间延续着绿、紫灰与浅驼色的搭配。客厅立面上半部分的米色墙面，让空间层次更温暖丰富。

配色灵感与墙面用色概念

重点一：出水芙蓉，最清新的装饰

为了避免过多的白色或对比色，让空间显得太过冷冽，设计师采用自然配色，并以“荷”为主要意象，为屋主母女打造清丽淡雅的居家空间。在屏风、柜体立面、墙面等部分，仿佛都能感受到那抹“碧荷生幽、香远益清”的意境。

重点二：优雅大地色，打造诗意家

除了象征自然生命的绿之外，设计师还将许多大地色融入空间，包括柜体采用淡驼色，客厅墙的上半部分用了稳重安定的木色，部分墙面及门片是质感低调的紫灰色，房间墙面则是清新的蓝等等，从公共空间到私人空间，皆创造出一种接近自然、舒适无压的氛围。

配色逻辑 2 玄关屏风与圆形天花板，漆上代表自然的绿色，屏风一侧是镂空叶脉搭配镜面，另一侧则是手工拓染的叶脉，以凹凸、虚实不同的手法塑形，形成独特趣味。柜体与层板则是与绿呼应的大地浅驼色。

配色逻辑 3 女儿房的墙面以Tiffany蓝装点出清新浪漫的氛围，床头墙面则是银色有光泽的壁纸，壁纸上俏皮的礼物盒图案，是让人看了心花怒放的一大亮点。

屋龄：新成屋　面积：115.5 平方米　主要建材：木饰面板、木作烤漆、不锈钢镀钛、瓷砖、水泥漆、超耐磨地板　文：张景威　图片提供方：曾建豪建筑师事务所 /Parti Design Studio

以不同材质，塑造慵懒家居

设计师将原本的四房打通为一个大空间的套房，让只有夫妻两人居住的环境能开放、流通并且有良好的互动关系。而在每一个开放的空间格局里则运用活动金属滑门以及电动卷帘门，让屋主能依照不同情境来调整隔间。

入口处以石英砖铺设的落尘区、木作清水模鞋柜和储藏柜作为整个家的起点。后方双面柜体则利用墙面，规划出许多满足储物需求的储藏柜空间。色调上选择屋主最爱的蓝灰色作为主色，搭配清水模与黑色铁件等冷调元素，让蓝、灰、黑借由不同材料来展现层次，同时加上实木贴皮、木地板来提升空间温润感。

配色逻辑 1　利用水泥漆有层次的灰突显柜体的黑，并利用错落的木纹饰面板作为黑色柜体的点缀。同时沙发的蓝灰色与抱枕的暖色呼应了木色，并在质感上做出软硬的对比。

配色灵感与墙面用色概念

重点一：以局部暖色为冷色蓝调增添温润感

设计师与屋主在规划讨论时，了解到屋主对于蓝灰色莫名的热爱，因此将空间以蓝、灰、黑呈现，并在偏冷调的蓝、灰、黑色中加入温暖的木色以及橘黄色来提升空间的温暖感。

重点二：以同色不同质地的材质展现层次

本案利用不同材质来表现不同的蓝与黑，例如用烤漆、瓷砖、铁件等来表现黑的变化，或是利用墙面水泥的灰、瓷砖的灰及系统柜的灰来表现丰富的层次。

Dulux 90BG 17/120

配色逻辑 2 墙壁选用屋主热爱的蓝灰色，并与沙发的土耳其蓝及椅的蓝相互呼应，虽然同样都是蓝色，但在不同深浅与材质中展现出丰富的表情。

配色逻辑 3 在客厅空间之外，设计师在卫浴间也同样使用蓝、灰、黑的几何图形瓷砖，并利用六角形的白色瓷砖、黑色结晶钢烤门片与水泥灰色地面瓷砖来相互搭配，延续整个居家的配色逻辑。

屋龄：新成屋　面积：148.5 平方米　主要建材：镜子、油漆、石材、涂装板　文：张惠慈
图片提供方：尧丞希设计

沉稳色调，同时拥有日常居家与酒店风格

本案以白、灰、木色为主色，设计师运用深浅灰色、深浅木色，打造空间的层次感。单纯的无彩度色彩，让人感到冷静平和、沉稳安定，适时地转化每种颜色在空间中扮演的角色，让空间不会因为无彩度而显得单调，反而塑造出独特的视觉效果。

尧丞希设计认为，油漆是最易取得的素材，设计者的任务则是整合空间，将空间的色彩搭配做到淋漓尽致，让整体空间展现独特氛围。但设计师也提醒，尽量不要用太亮的颜色，适时地融合黑或白，在空间规划上，会有更好的配色效果。

配色逻辑 1　客厅区域墙面主要以浅灰色为主，天花板则以百合白大面积涂刷，再配合浅色的沙发、吊灯，深色的柜子、桌子等家具，达到空间的平衡与和谐。

配色灵感与墙面用色概念

重点一：宁静人文的舒适家居

位于桃园高铁站附近、屋龄不到 5 年的新成屋，屋主为旅居国外的医生夫妇，为了不想回国时只能住酒店，而买了这间屋子。设计师将此空间设计得如同酒店一般舒适，运用不同灰度打造有质感的精品风格，塑造出沉稳的人文气息。

重点二：以不同深浅的灰搭配木色

空间上运用不同深浅颜色搭配，并在色彩运用时注重主次关系。主要以柔和的暖灰，搭配木纹与深灰平衡整体的视觉效果。每个空间也运用不同灰度区别，如客房是以木色、浅色为主，而主卧则是以大地色系、深咖啡色为主。

Dulux 30BB 21/014

配色逻辑 2 厨房的橱柜皆是房屋既有的，设计师运用深灰烤漆玻璃衬托木纹橱柜，让空间设计呈现出一致性。

Dulux 00NN 53/000　Dulux 30BB 21/014

配色逻辑 3 主卧的床头，运用大地色系的织物与深咖啡色的木饰面板打造。灰色则成为电视墙后方的背景颜色，并以铁灰、浅灰相配，呈现冷静平和的空间氛围。

屋龄：30 年　面积：99 平方米　主要建材：人字形拼贴木地板、沃克板、玻璃、铁件、大理石材、植栽墙、树脂地面　文：陈淑萍　图片提供方：璞沃空间 / PURO SPACE

光与艺术，城市雅痞的专属空间

传统透天厝的单层空间，窄闭幽暗的狭长屋型，加上老屋年久失修的墙癌、漏水，除了老屋本身需被重整之外，为了让空间功能更符合屋主的个人习惯，设计师将旧有隔间全部拆除，取而代之的是双边皆可通行的环状动线，并用玻璃门片取代隔墙，塑造出独立又开放的自由空间。

屋子前后的大面开窗，特别利用天井特色引入光线，增设玻璃折叠门作为空间分界，并搭配苔草植栽墙，借由绿意柔化空间氛围，创造出半户外廊道。室内的天花板与地面则以不同材料装饰，人字拼贴的木地板和树脂地面，暗示出不同的空间属性，墙面则用冷色调处理，没有多余的装饰，成为突显屋主画作、收藏的最佳背景。

配色逻辑 1　白色天花板、灰色墙面，没有多余的装饰，成为屋主展示收藏、画作的最佳背景。地面运用树脂与木地板两种材质搭配，中间以铜条无缝衔接，人字形拼贴的木地板丰富了空间的“表情”，同时也平衡了空间温度。

配色灵感与墙面用色概念

重点一：打破空间界限的艺廊设计

家不应该只是一个睡觉、用餐的空间，而是象征着一种“生活风格与态度”。设计师通过开放动线，赋予空间新的意义，在这样的空间里，你会在不同角落停驻思考，看着光影记录一日，或者看书、看电影、欣赏画作，实现都会雅痞的生活方式。

重点二：灰色调创造无限可能性

以灰色调为背景，没有多余的装饰，创造出有无限可能性的空间。不拘泥于传统的隔间方式，结合房子本身的天井，大胆地把空间留给自然光影。除了光影变化外，墙上的主角还有屋主收藏的当代风格画作，让居住空间拥有画廊般的艺术氛围。

配色逻辑 2 沙发后方轻透的落地玻璃与折叠门，利用了天井的引光功能，让室内获得更多光线，并以 L 型长廊界定出内外空间。大面的苔草植栽墙为空间增添清新绿意、柔化气氛，天然苔草经特殊加工处理，日后容易维护。

配色逻辑 3 卧房以架高地板取代床架，芥末黄色的床头背板，采用沃克板搭配木作，L 型设计为屋主提供睡眠时的安定感。另外，床背板的左侧延伸成桌板，让空间除了休憩之外，还多了阅读功能。

4-2 公共空间

屋龄：5年　面积：整层66平方米，户外16.5平方米　主要建材：铁件、柚木集成材、栓木饰面板、复古砖、黑板漆、水性烤漆　文：吴念轩　图片提供方：贺泽室内设计装修工程有限公司

包子店不传统，复古港味吸睛亮眼

“为什么包子店都长得一样？”年轻的两夫妻以港式店名“温拿”即winner，胜利的英文谐音作为灵感，希望打造一间有别于传统的包子店。设计师将店名、商品的卖点与设计相结合，以蓝色为主色调，以清新的视觉效果与传统热烘烘且油腻的包子店作出区分，再加入香港殖民时代的元素，打造复古港味。

应用蓝的对比色黄，以不同的材质和线条，衬出主要空间，例如：亮鹅黄的英式窗花，成为令过客聚焦窗内柜台的重要设计。甚至在售产品如包子与正港味的冻柠茶的包装也与空间设计相结合。

配色逻辑1　亮眼的湖水蓝柜台是空间中的主色，有别于港式的高柜台，设计师发挥巧思，放低高度，拉近距离，以木质台面衬托店主亲切的姿态，第二层的低矮木层架可以放包包，更显贴心。亮鹅黄的窗花，与主色形成对比，让人想一窥店内。

配色灵感与墙面用色概念

重点一：深浅的对比，亮眼吸睛

最直观地用颜色说话，亮丽的湖水蓝、温润的木质台面营造出休闲舒适的氛围，清新的蓝黄配色，不同于印象中包子店热烘烘的景象，客人入店门时瞬间感到轻松凉爽，同时贴心设计了宽敞舒适的等候区。

重点二：空间主次分明，热闹且温馨

空间中植入不同饱和度的黄，与聚焦吸睛的亮色湖水蓝柜台、浅蓝休憩等候区以及浅灰蓝的复古花砖相互呼应，并划分出主次空间；柜台处热腾腾的包子冒着气，朝气十足 ；等候区舒适温馨，可以等待、也可以就近坐下吃包子，自在轻松。

配色逻辑 2 柜台边上的大型线条屏风，功能是在包子出炉时，作为挡板避免热气大量窜出，有别于常见的不锈钢挡板，以树的形象作为灵感，开锅出炉时，热气腾腾，营造欣欣向荣、蓬勃发展的景象。

配色逻辑 3 浅蓝色的等待区、温馨舒适的弧形座椅，设计师以颜色的深浅将主次空间作出区分。大面积的窗台其实是展示橱窗，客人可以通过玻璃窗看到包子加工的过程，同时还设计了一处卡榫隐藏门，作为大型机具进出的入口。

屋龄：25 年　面积：82.5 平方米　主要建材：铁件、磨石地板、系统柜、不锈钢　文：吴念轩
图片提供方：一水一木设计工作室

静谧轻盈的湖水蓝，打造异国风烘焙厨房

业主开设招待所式的烘焙料理坊，主要做小班制的教学与网络销售。由于原格局采光不足，加上烘焙环境温度较高，业主希望整体空间有清新的氛围，降低燥热、油腻的感觉。

设计师结合南法风情与美式轻工业风格，以柔和低饱和度的湖水蓝为墙面主色调，地面保留原来水泥灰的磨石地板，再以同色调带线条的地毯，营造静谧的法式优雅，高饱和度 Tiffany 蓝的料理台成为空间中的视觉中心。白色天花板在设计上不封闭，仅以简约线条造型，方便管线设备检查与更新，同时拉高了空间的视觉高度。

配色逻辑 1　水泥灰的磨石地板有好清理的特性，与湖水蓝墙面共同营造静谧的法式优雅，同色条纹地毯，区分出用餐区，为空间带来温馨的氛围。

配色灵感与墙面用色概念

重点一：巧妙利用色彩“降温”，营造静谧清新氛围

有别于一般烘焙环境高温油腻的刻板印象，用饱和度较低的湖水蓝墙面与磨石灰的地面将空间变得清新，让客人进到空间时心情自然平静下来。而高彩的 Tiffany 蓝主烘焙台聚焦吸睛，营造轻盈且舒适的视觉感受。

重点二：主次空间，巧妙分野

全室以低饱和度的湖水蓝粉刷立面，入门时映入眼帘的亮眼的 Tiffany 蓝料理台，设计师借由塑造视觉焦点，说明整个环境的主要功能；另外，以磨石灰的地毯、高出地面一个台阶的料理区区分出烘焙料理区、用餐区、沙发区，并保留环境应变调整的空间。

Dulux 19BG 45/302

配色逻辑 2 以地毯区分出轻松舒适的沙发区，利用浅色调与亮色将烘焙区作出主次的区分，同时能接待皮件区、烘焙区的客人。木质的料理台地面，通过垫高隐藏管线，也满足主人喜欢光脚踏在温润木地板上的需求。

Dulux 13BG 72/151

配色逻辑 3 白色百叶窗、不锈钢台面、乡村风格的欧式线条，正是留学海外的业主所喜爱的。铁件层架以巧思嵌入照明灯，承重结构直达天花板，能摆放大量的烘焙锅具让空间看起来整洁舒适。

屋龄：4 年　面积：224.4 平方米　主要建材：金色金属板、压花玻璃、马来漆、铁件、瓷砖、石材　文：陈淑萍　图片提供方：齐禾设计

月光指路，进入闪耀的粉色幸福空间

地面特意用两种颜色的材质拼接，塑造出乡间小径般的视觉感。顺着“小径”两侧可以看见粉红漆墙与浅白石材瓷砖相间的墙面，粉色墙漆的效果与瓷砖的独特光泽，让空间洋溢着对美好未来的浪漫想象。一个转弯，客人又遇见了象征夜晚的深蓝色墙，一如踏上夜幕中由月光指引出的道路，进入月光宝盒空间。

桌面与吧台的大理石纹路，呈现优雅质感，并通过多种材质的搭配，如铁件镶嵌压花玻璃的屏风、金色金属板等，呈现缤纷活泼感。座位上方，一颗吸睛的月球主题灯，以及许许多多闪耀光芒的圆形金属灯饰，如梦幻的珠宝般，为空间带来浪漫唯美的氛围。

配色逻辑 1　仿石材的灰色地砖搭配胡桃木纹地板，创造出小径般的空间动线。金铜色圆形金属小球，是光芒闪耀的灯饰，也像一颗颗精致的珠宝，搭配大理石吧台与桌面，营造出梦幻优雅的用餐氛围。

配色灵感与墙面用色概念

重点一：收藏梦幻情怀的月光宝盒

以女性为主要客户群体的餐饮空间，希望打造如婚纱店般的幸福氛围，通过洋溢着少女情怀的色彩以及珠宝般的灯饰配件，搭配象征优雅华丽宝盒的石材与金色金属板，为空间带来优雅轻奢的美感。

重点二：用深蓝夜色烘托甜美粉色

深蓝的夜色，能彰显光的明亮、粉色的轻快。空间中的深蓝色墙面，象征黑暗的夜色，衬托出月光的明亮动人、金属的闪耀。而金色铁件镶嵌方格压花玻璃的屏风，则为空间带来朦胧的美感，在梦想与现实的交织中，隐约勾勒出对未来的憧憬。

配色逻辑 2 粉红色代表着浪漫与对未来的憧憬，而深蓝色则代表着夜色。粉色墙上的圆形壁灯，其实是由化妆灯改造而来，彰显女性气质。闪耀的金属小球、金色灯饰，则如珠宝般为空间带来精致的美感。

配色逻辑 3 包厢座位区的落地玻璃窗将窗外的景色引入室内，搭配休闲的铁制椅，打造出优雅、充满生机的空间。金色屏风铁件、金色方形吊饰，具有中和空间中的黑与粉色，协调、平衡空间色彩的功能，月球吊灯则强化了“月光宝盒”这一空间主题。

屋龄：10 年　面积：396 平方米　主要建材：铁件、复古文化石砖、水泥、蛇纹大理石、石材
文：陈淑萍　图片提供方：慕泽设计

仓库古堡，工业个性与意式典雅一拍即合

意式餐厅以意大利西北部的城市贝加莫命名，设计师通过材质搭配、色调处理，将意大利西北部的建筑元素融入。空间保留了原铁皮仓库的挑高设计，外墙墙面以类似砌石手法处理，搭配不规则石材地面，还没进门就能感受到浓浓的欧洲异国风味。

空间以深灰黑的顶棚漆色为基础，大面积橄榄绿的墙、红色复古文化石砖，创造红配绿的视觉冲突趣味，水泥粉光地面以及金属元素配饰、特意强调的通风管路，则在意式情调中融入工业风个性。通过大面积开窗、罗马式圆拱窗设计，引入大量光线，为这个色调沉稳的个性空间，带来柔和的氛围。

配色逻辑 1　挑高斜屋顶的深灰黑漆色作为空间的基础，绿配红的立面创造视觉冲突。复古文化石砖、水泥粉光地面、金属元素配饰，渲染出低调工业风个性。宛如大型木箱的灰色区域，其实内藏着餐厅热炒区，墙面上还能看见仿古代欧洲式样的凹凸钉扣。

配色灵感与墙面用色概念

重点一：打造意式气质的餐食空间

以意大利风情为基调，为了呼应这个有着浓浓艺术人文历史的国度，在沉稳的橄榄绿与灰黑色中，设计师加入质朴沧桑的红砖墙，搭配富有质感的大理石吧台台面、仿欧洲古代式样的钉扣以及圆拱窗元素，让意式情调充分呈现。

重点二：当橄榄绿遇见朴质红

空间立面以绿与红搭配，极为强烈的对比色却能和谐共存，主要是绿挑选了低饱和度的橄榄绿，让视觉效果不失稳重；红则因为复古文化石的斑驳肌理，多了一份质朴、少了锐利感。斜屋顶上的深灰黑、粉光地面的浅灰， 不过分抢戏，恰如其分地为空间色彩加分。

配色逻辑 2 圆拱木窗引入自然光线，修饰挑高空间立面的视觉比例，同时圆弧线条也软化了个性空间的表情。木窗框采用深灰漆作为底色，表面以古铜金染色，创造典雅的质感。

配色逻辑 3 空间里的空调管线，以粗犷的金属管，悬吊于座位之上；而与之形成对比的，则是光泽细致、微带橄榄绿色的吧台台面。蛇纹大理石面材纹理丰富，呼应圆拱窗的古典意式气质。

屋龄：新成屋　面积：49.5 平方米　主要建材：布纹壁纸、木装饰线、大理石、百叶窗、铁件割字　文：陈淑萍　图片提供方：璞沃空间 / PURO SPACE

当老派经典遇上现代摩登，打造绅士的专属空间

英式理发店位于 AVEC 沙龙五楼，建筑外观为冷调理性的清水模，公共梯间则以大胆活泼的桃红色点缀。一转进店里，迎面看见的是色彩饱和鲜明的蓝色墙面，与深色木墙形成强烈的对比，创造视觉上的反差效果，也象征着空间属性的转换。

黑白仿古砖彰显了英伦风格的华丽复古，同时格子也为空间带来更丰富的视觉效果。与地面对应的天花板，则运用带有布纹的壁纸与深木色装饰线，呈现出如绅士西服般的优雅气质。红铜色镶钉门片、大理石桌搭配复古理发座椅，营造一种向经典致敬的老派美感。座位区的方形镜内，映出座位后方百叶窗的明亮简洁，坐在铆钉皮革沙发椅上靠窗小酌，享受专属男人的品味时光。

配色逻辑 1　高饱和的摩登蓝，描绘出当代英伦男士的潮味；黑白交错的仿古砖，让人联想到西洋棋盘与英国贵族的华丽复古情调；天花板上有如西服般的布纹壁纸与深木色装饰线，散发着淡淡优雅质感。

配色灵感与墙面用色概念

重点一：宛如走进伦敦街角的理发店

一直以来，英国绅士给予人的印象，是贵族气质的优雅与翩翩风度，在这专属男士的理发店里，设计师便是以英伦绅士风为蓝图，各种姿态优雅的家具装饰、织品壁纸，配合对比强烈的色彩，让人仿佛走进伦敦街角的英式理发店。

重点二：英伦经典中的潮流摩登

空间跳脱台湾一般理发店样式，将英伦传统经典与摩登潮流融合。带有贵族气息的黑白格子仿古砖、深木色墙裙与装饰线，丰富了视觉效果，高饱和的蓝色墙漆，则散发出浓烈的摩登品味。一丝不苟地追求完美与细节，正是绅士精神的最佳体现。

配色逻辑 2　公共区电梯间墙面是桃红色的，转进房间则采用了鲜明的高饱和度的蓝。入门处一小块皇室盾牌样式铁件，低调地装饰墙面，冲洗区的复古鹿角吊灯、洗手间的红铜色镶钉门片都透露出设计师的用心。

配色逻辑 3　原汁原味的复古理发椅，搭配胡桃木色柜体，古典与潮流的结合，新旧融合创造出反差火花，潮味之下，仿佛在用一种老派美感向经典致敬。

屋龄：10 年　面积：264 平方米　主要建材：美耐板、文化石、超耐磨木地板、水泥漆
文：吴念轩　图片提供方：大秝设计

只想待在这，图书馆就是我的童年城堡

“鼓励孩子爱上阅读、亲近阅读！”永春小学的师长们希望能以这样的理念着眼图书馆的改建。图书馆外观以“城堡”概念作为启发，用文化石拼出城堡的样子；拱形挖洞，营造私密的阅读空间与入口，同时，设计大面积的玻璃窗，引起孩子对馆内样貌的好奇心。

内部则用低饱和度的缤纷色彩，将大自然的样貌与动物的形象通通融入进去，以浅木色为主色调，平衡校园内的热闹气氛；各区的缤纷意象，营造满满童趣，饱和度较低的色彩，让空间保持活泼又不干扰阅读。彩色书柜，为空间作出区隔。设计师说，引发孩子想进入馆内的好奇心是关键。

配色逻辑 1　图书馆的外观是城堡的样貌，用文化石拼出城堡的形状；拱形挖洞，一侧是门、一侧是供学生穿鞋或读书的小小空间；鞋柜上方有大面积的玻璃窗，吸引来往或准备入馆的孩子探头观察馆内的样貌。

配色灵感与墙面用色概念

重点一：七巧板拼贴，让颜色成为主题

以色彩作为主题阅读区域的区分，蓝色海洋区、绿色大树区、木色是小山丘；另外以七巧板拼贴的方式，为各区域植入生动有趣的动物意象，馆外则以文化石、拱门等元素塑造出城堡的样子，构筑童趣、益智、活泼、缤纷的空间氛围。

重点二：色彩与拼接，意象满分

以木色为主色调，温润平和；低饱和度的辅色，塑造不同区域的主题特色。大树区以绿、黄色为主，表现大树的样貌；海洋区以蓝色为主，配合鱼形状的七巧板拼接；山丘区，是孩子们最爱的区域，设计了一块略高于地面的阅读区以及大熊、狐狸等图块，令空间协调又有趣。

配色逻辑 2 大树区域可容纳一个班级，围绕在“树”周围的低矮圆凳与或圆或多边的桌面，高度符合学童的阅读需求。借用饱和度较低的大地色系勾勒大树的轮廓，让孩子们体验在“大树”底下阅读的乐趣。

配色逻辑 3 除去棱角的彩色流线形书柜，保证了馆内学童的安全，自在流畅的摆放，配合颜色的区分，自然隔出了既开放又隐秘的阅读空间；层层缩进的层板，除了考虑到儿童的身高需求外，同时增加空间的层次感与开阔感。